셰어링네이처 추천의 글

"셰어링네이처가 처음 나왔을 때 자연 교육에 전 세계적인 혁명을 일으키며 교범이 되었다." - 전미 인터프리테이션 협회 (National Association for Interpretation)

"조셉 코넬은 아이나 가족이 자연과 관계 맺음으로 자연을 보전하고 생기 넘치길 바라는 그들의 갈망을 예견한 선구자 중 한 사람이다. 그의 다년간의 작업과 비전은 아이와 자연을 재결합하기 위해 당시에 막 출범한 전 세계적 움직임에 자양분을 제공하였다."
  - 셰릴 찰스 박사 Cheryl Charles, PhD (아이들과 자연(Children & Nature)의 공동 설립자, 회장, 현 명예회장)

"셰어링네이처의 뛰어난 독창적, 창의적 개념은 지구의 안녕을 위한 중요한 핵심이다."
  - 피터 스콧 경 Sir Peter Scott (자연주의자, 자연보호를 위한 전 세계 기금재단 설립자 World Wide Fund for Nature)

"조셉 코넬은 오늘날 세계에서 가장 존경받는 자연 교육자 중 한 사람이다."
  - 백팩 매거진 (Backpacker magazine)

"셰어링네이처 놀이 활동은 아이가 자연 세계와 함께 하는 것이 어떤 것인지 실제로 체험하게 한다." - 전미 오두본 협회 (National Audubon Society)

"자연인식을 깨우는 최고의 책이다." - 홀 어스 리뷰 (Whole Earth Review)

"아이와 함께 자연의 사랑을 나누도록 학부모와 교사를 도왔던, 뛰어난 감수성으로 쓰인 안내서를 만나다니 놀랍다!" - 자연 보전회 (The Nature Conservancy)

"학창시절에도 자연 교육에 관해 이런 훌륭한 책이 있었으면 얼마나 좋았겠는가!"
  - 톰 버크 Tom Burke (Friends of the Earth)

"한순간에 이 책에 빠져버렸다. 설익은 상상력을 불타오르게 하여 꽉 막히고 따분한 교육을 뒤집어 버리는 것 같은 책이다."

- 필 드래블 Phil Draddle (영국 작가, TV 진행자)

"조셉 코넬은 셰어링네이처 35주년 기념 판에서 자신의 '플로러닝(Flow Learning)' 학습법
에 새로운 생기를 불어넣었다. 이 책은 야외교육을 택한 수많은 학생을 대상으로 자연 세계
와 연계된 체험학습을 강화하기 위해 만들어졌다. 이 책은 자연놀이의 오랜 경험에서 얻은
결과를 담고 있다. 예리한 통찰력으로 만든 역동적 학습은 나이와 상관없이 어떤 자연 관련
주제에도 생산적이고 지속적인 이해를 도모한다."

- 수에 에이사구이레 Sue Eisaguirre (Nature Track Foundation 설립자 겸 선임이사)

"아이에게 자연과 함께하는 즐거움을 일깨우는 요술 방망이"

- 존 허드슨 John Hodgson (The National Trust, England)

"이것이야말로 우리가 찾던 책이다."

- 미국 보이 스카우트 협회

"환경교육에서 무엇을 할 수 있는지를 나에게 이토록 긍정적으로 느끼게 해 준 책을 오랫동
안 보지 못했다."

- 린다 엘킨드 Linda Elkind (전 환경보호 자원봉사 단체 책임자)

"플로러닝 학습법은 환경교육을 가르칠 때 즐거움을 준다. 진정한 기쁨과 내면 성찰로 사람
들의 얼굴이 환해지는 것을 볼 수 있다."

- 데이빗 트라이브 David Tribe (오스트레일리아, 뉴 사우스 웰즈, 교육국, 전 환경교육 자문관)

"우리가 아이에게 줄 수 있는 가장 큰 선물은 세상의 모든 생명체와 깊은 연대감을 느끼게
하는 것이다. 이 책이야말로 그 시작점이 될 수 있다. '셰어링네이처' 조셉 코넬의 자연놀이

와 활동은 아이에게 자연에 대한 호기심, 상상력과 경이감을 자극하는 보물상자를 제공한다. 학부모, 교육자, 자연안내인의 마음을 흡족하게 할 꼭 필요한 안내서이다."

　　- 진 맥그래거 Jean MacGregor (환경교육가, 에버그린 스테이트 칼리지)

"모든 자연 교육자의 필독서"

　　- 브래트 틸만 Brett Tillman (AEOE Book Reviews, Newsletter 편집장, 환경과 야외 활동 교육 캘리포니아 협회)

"잘 만들어진 이미지에서 자연 명상까지, 조셉 코넬은 지식과 감성이 잘 어우러지도록 만들었다." - 알래스카 복지회 (Alaska Wellness)

"셰어링네이처의 자연놀이는 아이에게 자연의 경이감을 키워주고, 어른에게 지구와 하나되는 일체감과 환희를 체험하는 여러 방법을 알려 준다."

　　- 알렉산드라 도우드 Alexandra Dowd (원 어스 매거진)

"1970년대 말 무렵, 조셉 코넬은 '자연은 선생님이다.' 라고 말하며 셰어링네이처에서 '자연놀이' 를 소개하였다. 참가자는 이 소박한 자연놀이로 지식과 영감을 얻는다. 약 38년이 지난 오늘날의 '셰어링네이처' 는 평범한 한 권의 자연 교육서가 아니라 전 세계적인 안내서이다." - 플래닛 패트리어트 북스 Planet Patriot Books

조셉 바라트 코넬 책에 대한 추천의 글

"자연의 소리 듣기(Listening to Nature)는 우리가 모두 원하는 자연과의 일체감을 정확히 담아낸 훌륭한 걸작이다." - 톰 브라운 Tom Brown Jr. (The Tracker 저자)

"사람들에게 자연 세계와의 일체감을 이루도록 역동적 체험을 제공하다."
   - 알래스카 자연사 박물관

"예술과 정신의 작품!" - 칸다스 시비 Candace Sibcy (자연주의자, 자연 사진작가)

"교사, 자연주의자며 스토리텔러인 조셉 코넬의 셰어링네이처 책은 나의 많은 작업에 주요 안내서로 사용되어 왔다. 최근 조셉 코넬의 '나를 품은 하늘과 땅(The Sky and Earth Touched Me)'은 자연과 더 깊은 관계를 맺는 법을 우리에게 보여 주고 있다. 이 책은 지구와 조화롭게 살고자 노력하는 사람을 위한 교육 지침서이다."
   - 프랭크 헬링 Frank Helling (미국 국립공원 자연주의자, 존 뮤어 스토리 텔러, 교육자)

"수많은 아이를 자연과 연결하기 위해 조셉 코넬이 사용했던 즐겁고 충만한 정신을 지금 우리 모두에게 나눠주려 한다. 이 책은 선물이다."
   - 빌 맥키벤 Bill Mckibben (350.org 설립자, 환경보호 주의자)

"숲속을 여기저기 거닐기보다 우리가 숲이 된다. 조셉 코넬은 인간과 자연을 갈라놓은 장애물을 걷어내도록 우리를 크게 도와 변화를 불러일으켰다."
   - 타마락 송 Tamarack Song (작가, Entering the Mind of the Tracker의 저자)

"새로 출판된 '나를 품은 하늘과 땅(The Sky and Earth Touched Me)'은 청소년에게 자연의 즐거움을 개인적으로 체험할 수 있도록 도와준다. 이 책의 아름다운 인용문, 사진은 성인의 자기 성찰을 돕고, 심혈을 기울여 만든 엑서사이즈 활동은 자연의 아름다움과 평온함, 사랑을 체험하게 한다.

자연주의자로서 초보자든지, 경험이 많은 사람이든지 자연을 탐구할 땐, 이 책을 항상 가까이 두게 하자. 이 책은 우리가 자연에 감사하고 자연과 하나 되어, 자연에서 더 깊은 영적 체험을 할 수 있게 할 것이다." - 로이 심슨 Roy Simpson (교육 전문가, 토지관리국)

"조셉 코넬은 우리가 진정으로 지구와 깊은 관계를 맺게 하고, 자연이 주는 지혜의 빛을 우리에게 비춰준다." - 뉴 텍사스 메거진 (New Texas Magazine)

" '나를 품은 하늘과 땅(The Sky and Earth Touched Me)' 은 우리에게 내재된 자연에 대한 경외심을 체험할 기회를 제공한다. 조셉 코넬의 야외 활동은 전에는 생각해 본 적 없는 여러 방법으로 자연을 보고 체험하는 법을 아이와 어른에게 가르쳐주는 즐거운 놀이 활동이다. 진정한 의미에서 나무나 생명체와 하나가 됨을 인식할 때 우리와 나무, 생명체 사이에 놓였던 경계선이 희미해지며 마침내 없어지고 만다. 이 책을 읽고 영감을 받아 실천하고 변화된 당신의 모습을 그려 보라." - 캐서린 간 Kathryn Gann (미 신지학회 Theosophical Society of America)

"조셉 코넬은 자연과 인간의 내면세계를 사람들에게 일깨워주는 재능이 있다."
   - 더글라스 우드 Douglas Wood (Grandad's Prayer of the Earth의 작가)

"나는 늘 진정으로 자연을 사랑했다. 하지만 조셉 코넬의 작업은 결코 내가 꿈꾸지 못했던 수준까지 그 사랑을 올려놓았다. 좀 일찍이 셰어링네이처 활동을 알고 참여했더라면 좋았을 것을!" - 조셉 에머리크 Joseph T. Emerick (환경교육 코디네이터, 펜실베이니아 캠브리아 카운티 자연보호국)

" 조셉 코넬의 글에는 자연의 생명력에 대한 경외심과 존경심이 배어있다. 자연과 하나 되어 커지는 환희를 체험하는 여러 방법을 알려주고 있다." - 원 어스 메거진 (One Earth Magazine)

"조셉 코넬은 중앙 유럽의 환경교육 발전에 전무후무하게 지대한 영향을 미쳤다."
   - F.W. 조오지 F.W.Georg (독일, 헤센, 자연보호 협회 설립이사)

옮긴이의 글

 유학시절 야외교육과 생명교육에 관심이 있던 저는 대형서점에서 〈아이들과 함께 나누는 자연체험 Sharing Nature with Children〉이라는 책을 처음 접하였습니다. 이 책을 발견하고 읽으면서 가슴이 두근거리고 설레던 기억을 지금도 잊지 못합니다. 한 권의 책이 인생을 바꿀 수도 있다는 말은 저를 두고 하는 이야기 것 같습니다. 저는 이 책의 저자이자 자연 교육자인 조셉 바라트 코넬 Joseph Bharat Cornell 박사님의 세어링네이처 놀이활동과 철학에 매료되었습니다. 그리고 이 좋은 프로그램을 많은 아이뿐만 아니라 청소년, 어른들과도 나누고 싶은 열망에 사로잡혔습니다.

 1994년 청소년지도사 연수에서 세어링네이처 프로그램을 동료들에게 처음 소개했던 기억이 납니다. 스님 한 분이 프로그램에 관심을 보이셨고, 자연이 풍부한 사찰을 중심으로 청소년들에게 '사찰 안에서 자연 놀이' 라는 프로그램으로 소개할 기회를 얻었습니다. 또한, 어린이와 청소년이 밝고 당당하게 자라기 위한 '깨침의 교육' 을 목적으로 활동했던 〈선재연구모임〉과 여름과 겨울방학 동안 성직자의 모임인 〈열린 종교인 모임〉이 운영했던 '숲속의 자연학교' 에서 세어링네이처 체험을 하며 행복한 시간을 가졌습니다. 그리고 환경운동에서 환경교육으로, 산림을 이용한 숲 해설 등에 관심을 두기 시작했던 2000년 초 지역별 풀뿌리 단체의 활동이 활발했을 때 전국을 돌며 〈자연놀이Sharing Nature〉를 소개하였습니다.

　조셉 B 코넬은 세계에서 가장 널리 인정받는 자연 인식 프로그램 중 하나인 셰어링네이처 Sharing Nature의 창안자입니다. 또한, 전 세계의 수백만 명의 부모, 교육자, 자연주의자, 청소년과 종교 지도자들에 의해 사용되는 자연 도서 시리즈의 저자입니다.

　조셉 B 코넬은 미국의 선주민인 아메리카 인디언의 사상과 인도의 요가, 동양사상, 선(禪)에 깊은 관심을 가지고 대학에서 자연 인식학을 창안하여 공부하였습니다. 그리고 캘리포니아주 네바다시에 있는 〈아난다 공동체〉에 참가하여 명상과 야외교육 방법의 가능성을 발견하였습니다. 지금까지 고안한 놀이를 플로러닝 Flow Learing™이라는 교육방법으로 정리하였습니다. 그의 프로그램은 미국의 보이스카우트, 미국 캠핑 협회, 국립 오듀본 협회, 일본 학교 시스템, 독일 환경교육과 스웨덴의 자연교육 등 많은 사람에 의해 추천되었습니다.

　1979년 조셉 B 코넬의 첫 번째 저서인 〈아이들과 함께 나누는 자연체험 Sharing Nature with Children〉은 자연교육 분야에 세계적인 혁명을 불러일으켰고 현재 28개 언어로 출판되어 60만 부 이상 팔렸습니다.
　현재에도 전 세계 각지의 유아 교육 현장뿐만 아니라 각종 단체의 자연

놀이 활동으로 많이 활용되고 있으며, 자연 체험교육 및 생태교육, 환경교육, 숲 교육 분야에 없어서는 안 될 프로그램 중의 하나로 자리매김을 하고 있습니다. 셰어링네이처 프로그램에 많은 사람이 공감하고 놀라는 이유는 새로운 감각과 발상법, 교육방법 때문입니다. 조셉 B 코넬의 또 다른 저서인 〈자연의 소리 듣기 Listening to Nature〉와 국내에도 출판된 〈나를 품은 하늘과 땅 The Sky and Earth Touched Me〉은 자연치유와 깊은 자연과의 관계를 맺을 수 있도록 체험을 제공합니다.

미국 어류 야생국은 1890년 이후 출간된 자연과 어린이를 위한 자연체험 관련 책 가운데 선정한 15권 중 하나로 조셉 B 코넬의 책을 선정하기도 했습니다. 매우 효과적인 야외 학습 전략인 플로러닝 Flow Learning™은 미국 국립 공원 서비스와 마리아 몬테소리, 하워드 가드너, 존 듀이의 작품과 함께 추천한 5가지 학습 이론 중 하나로 선택되었습니다.

2002년 〈아이들과 함께 나누는 자연체험Sharing Nature with Children〉은 국내에 출판되었다가 여러 사정으로 절판되었습니다. 최근 조셉 B 코넬은 현장에서 인기가 많고 어른도 할 수 있는 새로운 내용을 추가하고 개정 편집하여 〈셰어링네이처 Sharing Nature〉라는 이름으로 새롭게 출판하였습니다.

저는 이 책을 통해 놀이 활동의 활용뿐만 아니라 자연 안내인이 가져야 하는 마음가짐을 새삼 깨닫게 되었습니다. 그것은 자연에 들어가는 것은 즐거운 일이라고 느끼는 순수한 감성, 자신이 계획한 프로그램에 환경을 적용하는 것이 아니라 자연을 집중해서 느끼고 자연에 프로그램을 맞추는 자세, 참가자의 기분 상태를 가장 주요하게 여기고 그것에 따라서 프로그램을 바꾸는 유연성입니다.

최근 새롭게 출판된 〈셰어링네이처 Sharing Nature〉는 6개의 권위 있는 상을 받았습니다.

- 동물 & 자연 부문 실버 노틸러스 상 수상
- 논픽션 부문 '인디 북 어워드' 대상 수상
- 과학/자연/환경 부문 수상
- 어버이팅/가정 부문 수상
- '인디 북 어워드' 자연보존 부문 은빛 상 수상
- '그린 북 페스티벌' 수상
- 청소년용 논픽션 부문 '그린 어스 북' 상 최종 선정(2016년)
- 올해의 자연 부문 최우수상 수상(2016년)

셰어링네이처(일명:자연놀이)는 자연에서 단지 놀이하기 위해 만들어진 것은 아닙니다. 오랫동안 조셉 B 코넬로부터 교육을 받은 저는 자연에 대한 경외감, 자연과의 일체감, 참가자 간의 나눔을 경험하면서 이 프로그램이 단지 놀이를 즐기는 활동에 그치지 않는다는 것을 알게 되었습니다. 프로그램 가운데 놀이는 자연인식 Nature Awayness이라는 목적을 체감하고 나누기 위한 과정입니다. 그러나 교육으로서 놀이도 중요한 부분입니다. 원서를 보면 프로그램을 설명할 때 놀이와 활동을 혼합해서 설명하고 있는 이유가 프로그램을 통해 즐거움과 목적을 달성하기 위해서입니다. 초기에 자연놀이로 널리 알려지면서 지도자나 해설사 가운데는 명칭이나 내용을 잘못 전달하는 부분이 있었습니다. 현재는 시대적 흐름과 정체성을 확립하기 위해 셰어링네이처 Sharing Nature로 변경되어 불리기를 바랍니다.

셰어링네이처는 누구나 할 수 있는 쉬운 활동이지만 안내자나 해설가의 깊이와 역량에 따라 자연체험 활동의 효과가 크게 달라집니다. 아이들과 자연에서 놀이하려고 하는 부모나 교사들에게 셰어링네이처 Sharing Nature를 그저 하나의 방법으로만 이용할 것이 아니라 그것을 바탕으로 자신의 자연체험과 지도체험을 넓혀 가기를 바랍니다. 자연을 존중하며 자연과 공생하는 셰어링네이처의 철학이 자연체험 활동에서 뿐만 아니라 일상생활에서도 하루하루의 삶에 원동력이 되길 원합니다. 또한, 자연을 통해 깨침의 교육을 고민하며 뜻을 함께하는 분들과 한국적인 자연체험 프로그램을 만들어 세계에 소개하고 활용되기를 바랍니다.

책을 출판하고 이 일을 계속할 수 있었던 것은 아내 희현과 부모·형제 및 많은 분의 협조와 응원 때문입니다. 이 자리를 빌려 감사함을 전합니다.

2018년 여름 과천 청계산
장상욱

셰어링네이처

모든 연령대를 위한 자연인식 놀이 활동

저자: 조셉 바라트 코넬
옮긴이: 장상욱, 장상원

Sharing Nature
by Joseph Bharat Cornell
ⓒ2015 Joseph Bharat Cornell
All Rights Reserved Published 2015

This translation published by Crystal Clarity Publishers,
Nevada City, CA95959 USA
Published in Korea by Sharing Nature of Korea, Gyeonggido

목 차

2부: 자연 활동들

시간과 장소에 따라 알맞은 놀이 선택하기 / 67

서 문

자연체험은 우리 삶을 활기차게 한다. 야외로 나가 오감으로 자연을 배우고 정말 즐거웠던 순간들을 기억해보자. 만약 그런 경험이 있다면 잊을 수 없는 추억과 체험의 순간이 다행히 여러분 기억 속에 남아있을 것이다. 그 순간을 되돌아보면 자연의 심오한 경이로움과 가능성을 재실감하게 된다.

다른 이들에게도 이 진정한 느낌을 온전히 회복할 방법이 있을까? 1971년 자연주의 교육자 조셉 바라트 코넬 Joseph Bharat Cornell이 자신에게 던진 질문이었다.

활기 넘치는 아이들을 위해 자연의 경이로움과 가능성을 스스로 느끼게 하는 교수법을 개발하는 것이 쉬운 일은 아니지만, 조셉 코넬은 해냈다. 수많은 현장 실습과 저서들을 통해 자연 교육의 효과적인 방법을 창출하였다. 가르치고 배우는 일에 즐거움을 더한 플로러닝 Flow Learning™ 교수법은 세계 각처에서 교사와 학생을 연결하는 데 도움을 주고 있다. 호주의 뉴 사우스웨일즈 교육부의 환경교육 자문관으로 은퇴한 데이비드 트라이브 David Tribe는 플로러닝의 효과를 이렇게 기술한다. "자연놀이 활동과 플로러닝의 단계별 학습을 이용해서 환경교육을 즐겁게 가르칩니다."

플로러닝의 핵심은 매우 간단하다. "학생의 큰 장점은 배우고자 하는 열정, 사물에 대한 호기심과 경이감입니다. 이러한 자질을 소홀히 하면 살아 있는 것과 관계 맺고, 받아들이려는 인간성을 파괴하는 것과 같습니다."라고 코넬은 현명한 조언을 한다.

현장 실습에서 얻은 연구와 진술에 의하면 나이와 관계없이 자연에서 정기적으로 뛰어놀며 학습하는 아이는 한결같은 행복을 느끼고, 신체와 정신적으로 훨씬 건강하고, 학교 성적도 월등히 뛰어나다고 한다. 자연 환경은 인간의 감성과 정신 건강뿐만 아니라 가족 외, 다른 공동체와의 유대 관계에도 긍정적 영향을 끼친다. 단언하건대, 자연과의 관계가 회복된다면 손상된 우리 자신도 회복될 것이다.

코넬의 뛰어난 자연교육 안내서인 「아이들과 함께 나누는 자연체험 Sharing Nature with Children」이 모든 연령대를 위한 놀이와 활동을 새롭게 담아 35주년 특별기념 판으로 발간되었다. 이 책의 혁신적 접근 방법은 자연 세계를 배우도록 놀이나 즐거운 체험을 통하여 아이는 물론 어른도 초대하고, 정신적 개념도 제공한다. 코넬은 우리에게 풍부한 자연생활이 무엇보다도 더 흥미로울 것이라는 생각을 하게 한다. 전 세계 교육자들은 플로러닝이 학습 단계에 숨겨진 재미를 드러내지 않으면서도 아이를 자연스럽게 체험적 교육의 흐름에 몰두하게 한다고 보고하고 있다.

2005년 나는 「자연에서 멀어진 아이들 Last Child in the woods」을 출판하여 인간과 자연의 밀접한 관계의 단절로 인한 '자연결핍 장애 nature-deficit disorder' 라는 용어를 소개하였다. 그리고 우울증, 비만과 성인 당뇨병의 급증과 불안증의 발병률 등은 앉아서 생활하는 습관 때문에 생기는 건강문제임을 강력히 제시하였다. 2002년 세계 보건기구 보고서에서 "앉아서 생활하는 습관은 전 세계적으로 죽음과 신체적, 정신적 장애를 유발하는 10가지 요인에 포함될 수 있습니다."라고 지적하였다.

과학이 모든 해답을 주지 않는다. 한정된 자연 노출만으로도 주의력결핍 장애 증상을 완화할 수 있다. 자연과 소소한 접촉만으로도 스트레스를 이겨내는 데 도움이 된다는 것을 의료 과학으로 증명되었다. 이러한 자연의 이로운 점에 관한 연구들이 급속히 증가하고 있다. 연구가 더 필요하겠지만, 워싱턴대학 공공 보건학부 하워드 후룸킨 Howard Frumkin 학장은 "그만하면 충분히 검증됐다."라고 말한다.

오늘날의 자연 교육은 일상 대화에서 빼놓을 수 없는 주제가 되었다. 영감을 자극하는 조셉 코넬의 작업은 많은 교육자에게 영향을 주었고, 그의 글은 도시의 공원과 정원, 학교 운동장에서도 중요함을 인정받았다. 앞으로 보게 되겠지만, 자연을 주제로 한 코넬의 독창적인 놀이는 어떤 장소에서든지 할 수 있다. 코넬은 신비함, 고요한 집중, 관찰, 뜻밖의 발견 가능성을 기뻐한다. 코넬의 작업은 우리의 바쁜 일상 속에 종종 무심코 지나치는 가치 있는 것들에 빛을 비춘다. 그는 우리에게 자연과 깊이 관련된 모든 중요한 곳에 교사가 있음을 상기시킨다.

확신하건대, 교사, 학부모, 영유아 교사는 마음에서 오는 지혜뿐 아니라 스토리텔링, 자연 산책을 위한 실용적 조언을 반드시 찾게 될 것이다. 우리 가운데 많은 사람은 물질 만능으로 기울어가는 현시대에서 균형 잡기 위하여 자연체험을 통해 자연을 깊이 이해하고자 노력하는 자연인지자의 미래가 될 것이라 믿는다. 조셉 코넬의 너그럽고 친절한 작업은 자연안내의 손길을 제공하기 위해 지속하고 있다.

리차드 루브　　Richard Louv는 '자연에서 멀어진 아이들: 자연결핍 장애로부터 아이들 구하기와 자연 원리'의 저자이며 the Children and Nature Network 명예 회장이다.

타마락 송

스카우트 대원이나 리더는 위험에 처했을 때 전통적으로 2단계 접근법으로 대처하도록 훈련받는다. '첫째, 상황을 파악한다. 그리고 행동한다.' 상황을 충분히 인식하지 못한 조치는 효과 없을 뿐 아니라 그릇된 방향으로 인도할 수 있기 때문이다.

자연과 배려의 관계를 새롭게 할 때도 마찬가지다. 이 땅에서 인간과 자연이 더불어 살아가기 위해 '첫째, 현재의 환경오염 실태를 인식한다. 그리고 자연에 몰입하는 체험이 필요하다' 라는 자각이 늘고 있다. 2단계의 깨달음 속에서 다른 생명체, 공기, 물, 대지 등과 서로 배려하고 공유할 때 미래의 희망이 있다.

다행히 우리에게 이런 깨달음을 갖도록 앞서 발걸음을 내디딘 선각자들이 있다. 65년 전, 알도 레오폴드 Aldo Leopold는 「모래 마을의 달력 A Sand County Almanac」에서 자연과의 균형을 유지하는 것이야말로 최고의 가치라고 말하고 있다. 13년 후에 레이첼 카슨 Rachel Carson의 「침묵의 봄 Silent Spring」은 무분별한 제초제 남용이 초래하는 해악에 대해 냉철한 관점을 제시하였다.

하지만 행동 없는 인식은 아무 소용이 없다. 그래서 레오폴드와 카슨은 환경보호 단체를 만들고 환경운동을 시작했다.

1965년 카슨은 그의 에세이 「센스 오브 원더 A Sense of Wonder」에서 "누구든지 땅과 바다, 하늘의 영향력 아래 있다면, 할 수 있다."라며 부모들에게 자연의 경이감을 아이에게 경험하게 하라고 행동을 촉구하였다.

1979년 조셉 바라트 코넬은 「아이들과 함께 나누는 자연체험 Sharing Nature with Children」을 출간함으로써 카슨의 이러한 요청에 답했다. 조셉의 책은 자연과 더불어 행복한 삶 nature's well-being의 미래가 아이들 손

에 달렸다는 핵심 진리를 명확히 인식하였고 환경운동은 한층 성숙한 단계로 접어들게 하였다

환경교육은 「아이들과 함께 나누는 자연체험 Sharing Nature with Children」이 나오기 전에도 있었지만 '자연의 영향력 아래' 로 아이들을 불러 모으라는 카슨의 요청에 부응하는 대답은 아니었다. 전형적인 환경교육 수업은 관광 안내와 별다를 것이 없었다. 관심 있는 곳에 가서 자연 해설사의 설명을 듣고, 다음 장소로 옮겨가는 것이었다. 그저 상세한 설명만으로 아이들을 자연의 영향력 아래로 불러 모으기는 어려울 것이다.

「아이들과 함께 나누는 자연체험 Sharing Nature with Children」에서 그가 촉발시킨 것은 환경교육의 혁명이나 다를 바 없었다. 갑작스럽게 나타난 플로러닝 교육법은 너무 간단해서 일반 학교 교사와 부모는 물론 아이들의 도우미까지 아이들을 야외로 데려가 자연과 깊고 의미 있는 관계를 쉽게 맺을 수 있게 하였다.

조셉 코넬의 교수법은 재미를 가미한 혁신적 교육 개념을 바탕으로 하므로 큰 효과가 있다. 아이들은 이 책에 수록된 56가지 자연놀이를 즐긴다. 이 놀이는 자연에서 아이들이 한껏 즐길 수 있도록 방법을 제공한다. 재미없는 강의를 참고 들어야 할 필요 없이 오히려 아이들이 질문하고 뭔가를 더 찾아내려 애쓴다.

큰 도약은 있었지만, 혁명이 끝난 것은 아니다. 아이들은 깨어나고 있었으나 동시에 자연환경의 위기는 악화일로로 치닫고 있었다. 하지만 레이첼 카슨과 레오폴드의 정신은 두 세대에 걸쳐 차세대 작가들로 이어졌다. 「아이들과 함께 나누는 자연체험 Sharing Nature with Children」이 출판된 지 10년 후에 인간이 지속해서 자연에 가하는 참담한 상황을 알리는 빌 멕키벤 Bill McKibben의 「자연의 종말 The End of Nature」이 나왔다. 그리고 얼마 안 되어서 아이들에게 자연의 경이로움을 체험하게 하라는 카슨의 요청이 어떻게 잘못 다루어지고 있는지를 정신 번쩍 들도록 깨닫게 한 리차드 루브 Richard Louv의 「자연에서 멀어진 아이들 Last Child in the Woods」이 출간되었다.

「아이들과 함께 나누는 자연체험 Sharing Nature with Children」의 큰 기여에도 불구하고 아직도 상당수의 아이가 이 프로그램을 접하지 못하고 있었다. 이 아이들은 루브가 말하는 자연과의 격리로 생기는 '자연결핍 장애'를 겪고 있었다. 새로운 활력의 변화가 필요했다. 맥키벤이 명료하게 지적한 대로 지금 아이뿐만 아니라 어른에게도 지속적인 변화를 위한 새로운 활력이 필요하다.

여러분이 손에 들고 있는 이 책이 그 결과물이다.

조셉 바라트 코넬의 첫 작품을 바탕으로 만든「세어링네이처 Sharing Nature」는 아이뿐 아니라 어른에게 내재 된 호기심과 장난기 넘치는 동심의 세계로 안내한다. 이 책은 우리의 지식을 능가하고 두려움과 절망감을 뛰어넘어 우리를 내면으로 안내한다. 그곳에서만 자연을 진실로 이해하고 인식하며 참된 변화가 일어난다.

조셉 코넬은 이러한 변화를 (이 책의 1장 참조) 플로러닝으로 이루어냈다. 이 독창적인 교수법은「아이들과 함께 나누는 자연체험 Sharing Nature with Children」이 만들어 낸 재미와 놀이만큼 혁신적이다. 플로러닝 Flow Learning™은 많은 지도자의 전통적인 교육 방법처럼 먼저 인식하고 행동하는 4단계 과정으로 되어있다. 첫 번째 단계는 열의를 일깨우고, 두 번째 단계는 주의를 집중시키며, 세 번째 단계는 자연과 일체감을 이루는 것이다. 마지막에는 참가자와 함께 느낌을 공유하고 나누는 네 번째 단계에 이르게 된다. 첫 번째 단계에서 세 번째 단계는 인식에서 행동으로 옮기며 마지막 네 번째 단계는 전 과정에서 얻은 느낌을 공유함으로써 깊은 울림이 지속해 남아있게 한다.

자연을 아는 것은 자연을 사랑하는 것이다. 자연을 사랑하는 마음은 곧 자연을 보호하고 싶은 마음이다. 플로러닝은 자연을 직접 세밀하게 체험하여 자연을 알도록 도와준다. 내 경험을 비춰보면, 아이와 어른이 함께 플로러닝을 할 때 어느 한 사람도 소극적인 자연 관찰자로 남아있지 않았다. 또한, 플로러닝을 하면서 기억 못 할 경험이니 그만두는 게 좋겠다며 단념하는 사람도 없었다. 처음에는 자연에 무관심하고 착취하던 어른이 자연을 보살피는 후견인의 한 사람으로 변화해 가는 모습은 큰 감동이었다.

플로러닝의 또 다른 좋은 점은 아이가 너무 열중한 나머지, 지루할 틈이 없으므로 별도의 훈육이 필요하지 않다는 것이다

조셉 바라트 코넬의 조언에 따라 플로러닝 교수법과 '셰어링네이처 Sharing Nature' 활동들을 사용하기를 권한다. 나는 이 책에 수록된 많은 놀이활동과 더불어 미국 원주민 생활방식, 직관력을 가지고 걷기 등 여러 방법으로 자연안내인 훈련 과정 등에 활용하였다. 어린이 중심의 활동을 어른에게 맞게 바꾸어 사용했는데 매우 성공적이었다. 자연의 직감적 지혜와 본질적 사랑은 나이, 경험과 상관없이 똑같았다.

플로러닝 학습법은 관찰하고 감정을 이입시키기에 직관적이며 자연스러운 학습방법이다. 이 때문에 효과가 매우 클 뿐 아니라 나와 함께 일하는 교육자들도 빠르고 쉽게 이 교수법을 응용할 수 있었다.

헨리 데이비드 소로는 이렇게 말했다. "나는 나만의 방을 가지고 있는데 그것은 자연이다." 셰어링네이처의 조셉 바라트 코넬은 노련한 지도방법과 감성으로 우리를 자신만의 방으로 안내하는 길을 보여 주었다. 코넬이 위대한 자연주의자들의 뒤를 따라 걸어간 것같이 우리도 그의 말에 영감을 받아 자연인식 Nature Awareness의 새로운 여명을 위해 발을 내디더 보자. "새벽을 깨우는 여명이 땅에 생기를 불어넣는 광경을 얼마나 좋아했는지! - 들판과 작은 연못에 넘쳐흐르는 황금빛, 여기저기 분주히 움직이는 새들과 토끼들. 해가 뜰 때, 생명이 새롭게 태어나는 삼라만상과 즐거운 연대감을 느낄 수 있었다."

타마락 송 Tamarack Song
"Entering the Mind of the Tracker", "Whispers of the Ancient", "Song of Trusting the Heart",을 썼고 the Teaching Drum Outdoor School 디렉터.

"자연을 진정으로 사랑하고
존경하는 사회를 만들기 위해서
우리는 사람들에게 자연에서
삶을 변화시키는 체험을 제공해야 한다."

-조셉 바라트 코넬-

1장

책속에 숨겨진 이야기

　1971년 대학에서 자연인식학 Nature Awareness을 막 전공하기 시작했을 때 일이다. 나는 캘리포니아 구릉지에 있는 한 작은 학교에서 22명의 2학년 초등학생에게 처음 '자연에서 걷기 Nature walk'를 안내했다. 그 당시, 시에라 숲에서 숭고하고 장엄한 자연의 아름다움을 체험하고 있던 나는 아이들도 내가 받았던 깊은 감동을 스스로 체험해 보길 원했다. 가르쳐 본 경험이 적음에도 내 목표는 생각보다 너무 높았다.

　아이들의 넘치는 에너지를 어떻게 모을지에 대한 분명한 계획도 없이 그저 오래된 숲속 길을 달려 내려갔다. 이것이 나의 첫 실수였다. 아이들은 야외로 나왔다는 들뜬 마음으로 주위에 뭐가 있는지 관심도 없이 산길을 마치 경마 트랙으로 이용했다. 아이들이 길을 내달려 뛰어 내려가면 나는 따라가기 바빴고, 아이들의 달리기는 점심때가 되어서야 멈췄다. 점심을 마친 후, 학생들은 의기양양하게 각자의 교실로 돌아갔다.

나는 아이들이 주위에 사는 동물과 나무들을 진심으로 느끼고 알기를 원했다. 숲속 걷기 활동의 처음 목표는 이루지 못했지만, 마음 한편으로 자연과 인간을 깊이 연결하는 어떤 방법이 있을 거라는 생각이 들었다. 다만 아직 발견하지 못했을 뿐이었다.

「아이들과 함께 나누는 자연체험 Sharing Nature with Children」이 발간되자마자 세계 곳곳에서 열광적으로 받아들여졌다. 위 사진, 남아르헨티나 공원의 공원 안내인이 워크숍에서 '올빼미와 까마귀' 놀이를 하고 있다. 한 공원 안내인 팀은 영어를 못하는 동료들을 위해 일과 후 저녁에 시간을 내어 내 책을 스페인어로 번역하였다.

당시, 대다수의 야외학습은 "걷기-멈추기-말하기" 형식이었다. 자연 안내인은 흥미로운 대상 앞에 멈춰 서서 아이들에게 설명하고 다음 장소로 안내하였다. 아이들은 단순히 수동적으로 듣기만 할 뿐이었다. 오하이오에서도 그런 식의 숲속 걷기를 했던 기억이 난다. 걷는 도중에 너무 재미가 없어서 내가 정말 자연주의자가 되고 싶기나 한 것인가 하는 생각이 들 정도였다. 하루 동안 나무를 얼마나 가까이 보았는지 생각해보니 9미터 정도에서 본 것이 전부라는 사실에 놀랐다.

70년대 초에 경험주의 자연 활동가, 즉 자연과 온전한 관계를 맺음으로써 사람의 정신과 마음을 고양하도록 돕는 자연 활동가라는 개념이 막 태동하기 시작했는데 이것이 바로 내가 추구하던 것이었다.

나는 활동가들로부터 집중적이고 역동적이며 재미있는 학습활동을 만드는 방법을 배웠다. 곧이어 나만의 학습활동을 만들어 다른 사람들과 나누어 보니 성공적이었다. 놀이하는 아이들과 어른들이 생기발랄하고 자연과 하나 되는 모습을 바라보는 것은 정말로 흐뭇했다.

이 활동들을 1979년 「아이들과 함께 나누는 자연체험 Sharing Nature with Children」으로 출간했는데 이 책은 자연체험 활동의 선구자 역할을 했으며 활용 방법도 여러 나라에 알려졌다. 오두본 교육협회 National

Audubon's Vice President of Education의 부회장인 듀이어 모턴 Duryea Morton이 "체험 활동을 활용하여 아이들이 실제로 자연 일부가 되는 것이 어떤 것인지를 경험한다."라는 글 덕분에 전 세계의 부모와 교육자들 사이에서 광범위한 열광이 일어났다. 1980년대 초, 「아이들과 함께 나누는 자연체험 Sharing Nature with Children」이 자연교육 분야에 끼친 엄청난 충격에 대하여 현재 매사추세츠 오두본 협회 Massachusetts Audubon Society 매니저인 루시 게르츠 Lucy Gertz 는 2002년에 이렇게 기술하였다.

오늘날 많은 나라의 교육자, 자연주의자, 부모, 젊은이와 종교지도자들이 열정적으로 코넬의 자연체험 활동을 실행하고 있다. 일본만 하더라도 성인 35,000명 이상이 셰어링네이처 지도자 훈련에 참여하였다.

> 「아이들과 함께 나누는 자연체험 Sharing Nature with Children」이 알려졌을 때 교사와 자연주의자들은 마치 먹이를 쫓는 독수리 같이 달려들었습니다. 우리 중 대다수는 환경교육에 막 관심을 두기 시작한 초심자였습니다. 환경 교과서, 야외교육 안내서와 의욕만 있었지, 아무것도 없는 것과 마찬가지였습니다. 그런데 이 책에서 우리는 모든 것, 즉 교육 철학과 활동 그리고 의미 있는 생태 교육 체험을 아이들에게 안내하는 방법 등을 발견하였습니다. 이 얇은 책자는 안내서이자 나침판 같은 매우 소중한 책자였습니다.

이 책은 35주년 기념으로 새로운 정보를 추가하여 원본을 완전히 새롭게 편집해 다시 쓰였다. 많은 지도자 훈련을 통하여 얻은 통찰들도 포함하였다. 「셰어링네이처: 어른과 아이가 함께 나누는 자연인식 활동 Sharing Nature :Nature Awareness Activities for All Ages」은 「아이들과 함께 나누는 자연체험 1, 2권 Sharing Nature with Children I&II」에서 가장 사랑받은 놀이와 새로운 활동들을 특별히 넣었다. 또한, 자연을 즐겁

게 가르치는 야외학습인 플로러닝 Flow Learning™
을 증보하여 포함하였다.

　「셰어링네이처 Sharing Nature」의 56개 학습
활동 중 선별된 하나하나는 깊이 있는 자연이해
와 관계 함양 능력을 기르기에 적합하다. 아이든
어른이든 참가자 모두가 자연에서 즐거움을 나누
고, 잊지 못할 멋진 순간을 누리기를 바란다.

「아이들과 함께 나누는 자연체험 Sharing
Nature with Children」이 1981년 독일에
서 출간되었다. 코넬이 1989년 독일에서
셰어링네이처 철학과 학습방법을 소개하
고 있다. 독일 자연보호 협회 German
Nature Conservancy Academy의 게오르
그 핫센 F.W. Georg, Heusen 은 "조셉 코
넬은 중앙 유럽의 환경교육 발전에 지대한
영향을 끼쳤다." 라고 말했다

1부

플로러닝

2장

마음으로 배우기

햇빛은 반짝이고 파란 하늘에 흰 구름이 두둥실 떠다니는 날, 나는 아이들을 데리고 숲으로 갔다. 마침 폭풍이 막 지나간 다음이라 구름 사이로 비치는 햇살 아래로 삼라만상이 생생하게 빛나고 있었다. 우리는 여기저기에서 동물들을 볼 수 있었다. 동물들도 폭풍 후 넘치는 생명력으로 활기차게 느껴졌다. 자연을 깊이 느끼고 체험하기에 37명의 아이가 좀 많다는 생각이 들었다. 그러나 빛 사이로 마치 탑처럼 우뚝 서 있는 나무와 눈부시게 활짝 핀 아름다운 들꽃에는 정말 마법의 힘이 있는 것 같았다. 내가 지시하기도 전에 아이들은 벌써 숲속으로 들어가 마음 맞는 아이들끼리 작은 모둠을 만들어 걸어 다니고 있었다. 각 모둠은 여기저기서 무언가를 찾아내 "와! 멋있다."라며 환성을 지르거나 "이게 뭐예요?", "선생님, 이리 와 보세요." 하는 바람에 나는 이곳저곳으로 불려 다니기 바빴다.

　그날 해가 질 때까지 아이들 모두는 만족할 만큼 자연을 체험하고 충분히 즐겼다. 오감을 모두 사용해 직접 체험할 수 있는 분위기를 만들기만 하면, 자연은 자연스럽고 멋진 방법으로 우리 삶을 바꾼다.
언젠가 산책하러 나갔을 때의 일이다. 잭이라는 소년의 취미는 새를 잡는 것이었다. 잭에게 새는 그저 움직이는 표적에 불과했다. 새도 살아 있는 '생명체'라는 인식을 전혀 하지 않았고 어린 새를 잡는 것이 법으로 금지된 것도 모르고 있었다.

산책이 끝날 무렵, 나는 아이들에게 하늘을 보고 누워서 커다란 떡갈나무가 가지를 벌리고 있는 모습을 올려다보라고 말했다. 우리는 누워서 평소와 다른 모양으로 나무를 바라보고 있었는데, 가까이에서 작은 회갈색의 박새 떼의 '쯔비, 쯔비' 하는 노랫소리가 들렸다.

나는 아이들에게 노래하는 귀여운 새를 부르는 쉽고 효과적인 방법을 가르쳐 주었다. 박새 무리가 우리 소리에 곧 응답하자 아이들은 뛸 듯이 정말 좋아하였다. 박새 떼가 이쪽 나뭇가지에서 저쪽 나뭇가지로 날아다니다가 점점 더 가까이 오더니 마침내 우리 머리에서 몇십 센티미터까지 날아왔다. 박새 떼와 아이들이 주고받는 소리에 주위의 다른 새들도 점점 모여들었다. 박새, 풍금조, 동고비, 휘파람새 등이 우리 머리 위에 있는 떡갈나무 가지 사이로 날아다녔다. 모든 아이가 많은 새가 가지 사이를 날아다니며 가까이에서 지저귀는 광경을 보며 깜짝 놀랐다.

아이들의 소리에 응답한 새가 50마리가 넘었는데, 완전히 자기를 잊어버리고 새에 몰두한 아이들은 새들의 이름을 전부 알고 싶어 했다. 나는 얼굴이 붉고 몸이 노랗고 검은 색인 새를 가리키며 "저 새 이름은 풍금조야. 멕시코나 중앙아메리카에서 왔고 이 숲에서 새끼를 키우고 있단다."라고 말해 주었다. 다른 새들도 그들의 매력적인 사실들을 나누기 위해 우리와 충분히 머물러주었기에 여유 있게 이야기할 수 있었다.

가까이에서 야생의 새를 보는 것은 아이에게 작은 새 한 마리, 한 마리가 모두 의지를 가지고 행동하는 생명체임을 알려 주는 계기가 된다. 그 주 후반에 아이들의 야생 새에 관한 관심이 높아졌다. 이 체험은 잭에게 무척 감동적이었다. 잭은 새로운 새를 발견할 때마다 누구보다 먼저 새 이름과 습성에 관해 질문했고, 새를 대하는 태도가 완전히 달라졌다. 새는 잭과 함께 숨 쉬는 친구가 되었으며 잭은 새의 아름다움에도 깊은 관심을 갖게 되었다.

20세기에 들어와 큰 반응을 얻으며 '자연학습법'의 기초를 다진 사람은 식물학자 리버티 하이드 배일리 Liberty Hyde Bailey이다. 그는 "생명에 대한 풍부한 감성이야말로 교육에서 얻을 수 있는 제일 가치 있는 성과"라고 말했다. 생명에 대한 겸허한 마음을 키우고 싶다면, 먼저 우리 마음속에 생명에 대한 직접적인 체험이 있어야 한다. 모든 생명체가 살아 있음을 느낄 때 우리 행동은 자연스럽게 자연과 조화를 이루고, 우리에게 이 세상 모든 존재가 필요한 것이기 때문에 마땅히 그것들을 귀중히 여겨야 한다는 것을 깨닫게 된다. 환경보호를 위해 힘쓴 일본의 다나카 쇼조 Tanaka Shozo는 "강을 보살피는 일은 강의 문제일 뿐만 아니라 사람의 마음을 보살피는 일"이라고 말하였다.

단지 자연에 노출하는 것만으로는 충분하지 않다. 내 친구는 여덟 살된 아들을 데리고 캐나다 로키산맥으로 하이킹 간 적이 있다. 친구와 아들은 오랜 시간을 걸어서 빙하에 깎인 계곡과 높은 산들 사이에 있는 여러 개의 호수를 볼 수 있는 전망 좋은 곳에 도착하였다. 친구는 아들에게 "이 경치만으로도 여기까지 온 보람이 있다."라고 말하면서 아름다운 경치를 함께 즐기고 싶어 아들에게 옆에 앉으라고 했다. 하지만 실망스럽게도 힘들게 등산로를 따라 올라왔던 아들은 잠깐 쉬더니 곧 일어나 다시 산길을 오르기 시작했다. 친구는 아들에게 "기다려! 이 멋진 광경을 보아라!"며 소리 지르고 싶었다고 했다.

자연을 사랑하는 우리는 그 기쁨을 누군가와 나누고 싶어 한다. 문제는 그 기쁨을 어떻게 사람들에게 잘 전달할 수 있는가이다. 아이들의 넘치는 활력을 어떻게 자연에 집중하게 하고, 호기심이나 경외감이 전혀 없는 성인을 어떻게 자연 활동에 참여하게 할 것 인가는 내 친구의 예에

서 보듯 그렇게 쉬운 일이 아니다.

1980년대, 나는 현재 내 작업에서 중요한 역할을 담당하게 될 교육 체계를 발견하였다. 수많은 교육자와 야외 지도자가 이미 이 교수법을 발견해 실전에서 응용하고 있을지도 모르겠다. 이 방법은 야외에서 아이들이 더욱 생동감 있고 재미있게 직접 체험함으로써 행복감을 만끽하게 할 것이다. 나는 이 교수법을 창안한 후에 자연 교육자로서 지속해서 최고의 교육 효과를 낼 수 있었다.

나는 이 원칙에 '플로러닝 Flow Learning' 이라는 이름을 붙였다. 플로러닝은 '어떻게 하면 자연 교육 활동을 목적 있는 하나의 흐름으로 전개할 수 있을까?' 를 궁리한 끝에 나온 것으로써 정신과 마음을 자연스럽게 흐르게 함으로써 참된 이해와 공감에 이르게 한다. 이 교수법은 보편적 원칙의 깨달음과 인간으로서 어떻게 배우고 성장하는가에 기반을 두고 있다.

플로러닝™
자연인식을 향한 자연스러운 단계

젊은 자연주의자였던 나는 참가자의 나이나 분위기, 문화와 상관없이 최고의 놀이나 활동에는 언제나 어떤 '흐름'이 있다는 것을 깨달았다. 왜냐하면, 어디서나 사람들이 이런 흐름에 반응하는 것은 사람 본래의 깊은 특성과의 조화 때문이다.

이 흐름은 자연인식 Nature Awareness 교육의 효과를 극대화하도록 매우 단순한 구조를 제공한다. 당신은 흥미와 생기 넘치는 단계를 즐긴 후에 더욱 의미 있고 심오한 자연체험을 위해 단계별로 안내받게 된다.

4단계인 플로러닝은 물 흐르듯 자연스럽게 다음 단계로 흘러가게 되어있다. 단계마다 지적 호기심을 자극하여 재미있게 참여도를 높이며 쉽게 할 수 있는 자연 활동들이 포함되어 있다.

플로러닝은 짧게는 30분에서 길게는 하루 동안 성공적 체험을 위한 학습방법이다. 이것은 원래 야외 자연 수업을 위해 만들었지만, 실내나 야외, 어디서나 어떤 수업과목에도 적용할 수 있다.

플로러닝의 단계:

1단계: 열의를 일깨운다.
2단계: **주의를 집중한다.**
3단계: **자연을 직접 체험한다.**
4단계: **영감을 나눈다.**

단계별로 자세히 살펴보자.

1단계: 열의를 일깨운다.

열의가 없다면 자연에서 별로 배울 것이 없고 유익한 체험도 할 수 없다. 열의는 그저 흥분해서 이리저리 뛰어다니는 것이 아니라 진지한 상태로 관심 있는 무엇인가에 열중하는 것이다.

열의를 일깨우는 놀이는 즐겁고 교육적이다. 직접 경험하며 배우므로 주제와 교사, 학생과의 일체감을 형성한다.

2단계: 주의를 집중한다.

배움은 얼마나 집중하느냐에 성과가 달려있다. 열의만으로는 충분치 않다. 정신이 분산되면 자연뿐 아니라 무엇이든 극적 깨달음에 이를 수 없다. 따라서 열의를 평온한 상태로 이끌어 집중해야 한다.

주의집중 활동은 참가자가 배려와 열린 마음으로 자연을 대하게 한다.

3단계: 자연을 직접 체험한다.

　　자연체험을 하는 동안 아이들은 산천초목과 하나 되어 완전한 일체감을 이룬다. 직접 자연을 체험하는 활동은 고요하면서 상당히 심오하여 아이의 열의를 높여 열린 마음으로 만든다.

　　하늘을 나는 새나 숲이 우거진 산등성이 등 어떠한 자연물이든 직접 만나게 하여 직관적 자연체험을 제공한다.

　　이성으로 경험할 수 없는 직관적 자연체험은 겉으로 드러나진 않지만, 우리에게 정확한 지식을 준다. 헨리 데이비드 소로는 직관적 학습을 '아름다운 지식' 이라 불렀다.

4단계: 영감을 나눈다.

　　자연에서 받은 감동을 되새기고, 다른 사람과 나누는 것은 체험을 더욱 강하고 명료하게 한다. 다른 사람과 체험을 나눔으로써 감춰진 감정을 밖으로 끌어내 너와 나의 관계를 더욱 돈독히 한다.

　　영감을 나누는 활동은 우리의 오감을 완성하고 숭고한 생각을 하도록 고양된 분위기를 만든다.

3장

플로러닝의 기술

　강이 바다로 흘러가듯 플로러닝의 자연스러운 흐름은 참가자를 폭넓은 자연인식과 이해로 인도한다. 하지만 깊이를 알 수 없는 고요한 웅덩이, 급류, 소용돌이 등 환경의 변화가 다양하듯 자연 안내인도 플로러닝 4단계의 흐름을 상황에 맞게 달리 적용할 수 있다. 예를 들어 어린아이는 집중 시간이 짧으므로 조용하게 자연을 체험하는 3단계 활동과 생동감 있는 1단계 놀이, 차분한 2단계 활동을 함께 할 수 있다. 이와 마찬가지로 어른이나 청소년들도 1단계나 2단계 활동의 진행 속도를 상황에 맞춰 수업 과정을 조절할 수 있다.

　플로러닝의 모든 단계를 꼭 맞추어서 해야만 하는 것은 아니다. 일반 수업 과정에서는 기본 순서(1-2-3-4)의 흐름에 따라 운영되지만, 참가자의 즉각적 요구로 단계를 실용적으로 변경할 수 있다. 지도자는 참가자의 마음 상태와 흥미를 세밀히 관찰하여 수업의 흐름이 재미있고 유익하게 유지되도록 적절하게 필요한 활동을 한다.

　플로러닝의 3단계는 직접적이고 직관적 자연체험을 담고 있다. 직관은 삶을 투명하게 비추는 거울같이 차분한 감정이다. 우리의 이성이 벗

나무를 설명할 수는 있지만, 직접 느끼긴 어렵다. 교육은 종종 학생을 사실로 이끌지만 이러한 사실에 학생들이 흥미가 있는지엔 별 관심이 없다. 학생의 큰 장점은 열정, 호기심과 경이감이다. 이런 장점을 무시한다면 생명을 보듬고 함께 하려는 마음을 말살하는 것과 같다.

존 브로우스 John Burroughs는 이렇게 말했다. "사랑이 없는 지식은 오래갈 수 없다. 그러나 먼저 사랑하면 지식은 뒤에 따라오는 법이다. 아이가 질문할 정도로 관심 있다면 이미 거기에 답이 있다는 뜻이다." 플로러닝은 학습자 중심의 교수법으로써 선생님은 아이가 좀 더 깊이 직접적인 체험을 할 수 있도록 지혜를 나눈다. 선생님이 지치는 주된 원인은 상호 반응 없이 선생님만 온 힘을 쏟기 때문이다. 진정한 가르침은 배우는 사람과 가르치는 사람 모두가 즐거움을 나눌 때 일어난다.

그랜드캐니언 국립공원에서 일한 적이 있는 한 안내인이 나에게 자연에 흥미 없는 관광객에게 웅장한 계곡에서 느낀 감동을 전달하는 일이 얼마나 힘든지를 털어놓았다. 안내인은 언제나 열정적으로 그들을 인솔하지만, 곧 탈진 상태가 된다고 했다.

나는 이 이야기를 자연주의자인 내 친구들과 얘기하면서 그 안내인이 관광객에게 그랜드캐니언을 직접 체험하고 감동하게 하지 않고 말로만 전하려고 했기에 실수했음을 알게 되었다. 플로러닝은 직접 체험하고 새로운 발견을 하도록 도와주기 때문에 참가자는 최고의 영감과 공감을 갖는다. 플로러닝은 흥미로운 주제로 적극적이며 재미있게 학습자와 연결한다.

실제 플로러닝은 아이들의 수업에서 관심과 참여를 끌어내 최고의 자연체험을 이루게 한다. 플로러닝은 자연인식 수업 외에 다른 과목에서도 응용할 수 있다. 플로러닝을 실행하는 모든 교실에서 아이는 스스로 동기부여하고 주의 집중하여 적극적이지만 차분하게 수업한다.

4장
자연인식을 향한 4단계

플로러닝에 관하여 좀 더 자세히 알아보고, 각 단계에 알맞은 활동을 살펴보자.

1단계: 열의를 일깨운다.

처음 자연 산책을 할 때 가장 중요한 것은 시작을 잘하는 것이다. 참가자가 그날을 즐겁게 보낼 수 있을지, 없을지를 결정하기 때문이다. 일단 활기찬 놀이로 시작하면 참가자 마음을 사로잡을 수 있다. 참가자가 '시작이 재미있다' 라는 생각을 하면 안내인과 일체감을 느끼므로 1단계 목표를 달성하기 쉽다.

1단계 놀이는 활력과 흥미를 유도한다. 참가자 전원이 놀이를 즐기고 열중하면 목표가 달성된다.

열의는 관심을 갖고 즐겁게 열중하는 것이다. 열정 있는 관심은 수업에 의미 있는 결과를 가져오는 원동력이다. 엔진이 꺼진 채로 운전석에 앉아 앞바퀴를 돌리려고 핸들을 움직인다고 생각해보자. 타이어의 저항으로 핸들을 돌릴 수 없지 않은가? 하지만 엔진을 켜고 시속 3킬로 정도 가다 보면, 원하는 방향으로 바퀴를 움직이는 것은 무척 쉬운 일이다. 이처럼 일단 발동이 걸리면 아이를 지도하는 일은 수월하다. 진행에 가속도가 붙기 때문에 모둠을 훨씬 역동적이고 알차게 이끌어 갈 수 있다.

1단계 놀이에 수달 이란 이름을 붙였다. 수달은 성장해 어미가 되어도 장난치며 놀기를 좋아하는 동물이다. 1단계 놀이는 참가자가 즐거움을 나누며 친근함을 느끼게 한다. 이 단계는 다음 단계로 진행하는 기초가 되어 신비롭고 뜻깊은 자연체험을 할 수 있게 돕는다.

열의를 일깨우는 놀이는 지적 호기심에 도전하도록 자극하고, 활기 가득한 놀이까지 영역이 다양하다. 참가자는 수업 내내 매우 흥미로운 자연사를 공부하며 자연과의 친밀한 관계를 발전시킨다.

사람의 본성은 종종 새로운 것에 약간의 저항감이 있어서 어른이나 십 대 아이도 관망하고 망설이기 쉽다. 하지만 열정을 일깨우는 놀이는 의심 많은 참가자를 설득하여 참여시키는 데 놀라운 효과가 있다.

〈나는 누구일까요? Who am I?〉는 어색한 분위기를 없애고 수동적인 사람의 의욕을 높이는 데 아주 좋은 놀이이다. 〈나는 누구일까요?〉는 각 사람의 등에 집게로 동물 사진을 고정하고 자신의 동물이 무엇인지 알아내기 위해 모둠원에게 질문한다. 다른 사람의 등에 붙어 있는 스컹크나 말똥가리 사진을 보고 모두 웃고 있는데 혼자 떨어져 멍하니 쳐다볼 사람은 거의 없다.

아이들은 항상 활발하고 기운이 넘쳐난다. 1단계 놀이는 수업 목적대로 활기 넘치는 아이들을 자연스럽게 맘껏 활동하도록 유도한다. 놀이가 너무 재미있어서 수업 중에 장난치지 않기 때문에 별다른 훈육이 필요 없다. 1단계 활동은 어른에게도 활력과 관심을 불러일으켜 어린 시절의 자유분방함과 경이감을 다시 체험하게 한다.

나는 1단계 놀이의 마법 같은 힘에 언제나 놀란다. 1986년 일본에서

이 활동을 했을 때의 경험이다. 통역을 통해 이야기해야 하는 어려운 조건이었지만 마법은 통했다. 그 당시 참가자는 모두 어른들이었는데 진지한 얼굴로 예의 바르게 서서 통역자의 말에 귀 기울이고 있었다. 나는 짧게 인사한 후, 〈나는 누구일까요?〉에 대해 설명하였다. '이렇게 진지하고 예의 바른 사람들을 도대체 어떻게 해야 할까?' 하며 걱정했다. 그러나 참가자는 통역된 내 말을 알아듣고 곧 딱딱한 표정이 풀리며 '재미있겠다.' 라는 기대로 함박웃음 띤 얼굴로 바뀌었다. 그때부터 그들은 온종일 생기발랄하고 활기가 넘쳤다.

어른들이 지켜보는데 열다섯 명의 초등학생 여자아이들과 다섯 명의 남자아이들이랑 놀이한 적도 있다. 특히 남자아이들은 소란을 피우며 서로 밀며 장난치고 떠들기만 했다.

모두 재미있게 즐기려면 먼저 남자아이들의 흥미를 끌어내야 했다. 나는 아이들이 장난치지 못하도록 손을 잡고 서둘러 원을 만들게 했다. 〈박쥐와 나방 Bat and Moth〉 놀이방법을 설명하고 내가 박쥐가 되고, 남자아이들은 나방 역할을 하도록 했다. 박쥐가 된 나는 눈을 가린 채 원 안으로 들어갔다. 박쥐는 물체에 반사되어 돌아오는 초음파로 먹이인 나방을 잡는다. 내가 "박쥐" 하고 외치면 아이들은 곧바로 "나방"이라 대답하고 도망가야 하는데, 도망가지 않으면 내가 그 소리를 듣고 달려가 그들을 잡는다. 나방이 된 남자아이들은 완전히 놀이에 빠져들었고 여자아이들도 아주 재미있게 보고 있었다. 놀이하는 10분 동안 모두 즐거웠고

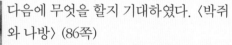

다음에 무엇을 할지 기대하였다. 〈박쥐와 나방〉 (86쪽)

모둠원의 나이, 관심, 열의가 많고 적음에 주의해서 시작을 어떤 놀이를 할 것인지 신중히 선택하는 것이 중요하다. 〈나는 누구일까요?〉는 수줍은 어른도 즐겁게 열중할 수 있는 놀이다. 〈나는 누구일까요?〉는 어른 체면을 구기지 않으면서도 재미있고 에너지 넘치는 도전을 하게 한다. 체험 시

작의 놀이로 대부분 성인과 십 대가 〈박쥐와 나방〉을 한다면, 어린아이 같은 활기찬 모습 보기가 어려울 수도 있다. 그러나 나는 나이 든 참가자에게도 그 나이에 맞추어 자연스럽게 〈박쥐와 나방〉을 처음 소개하였는데 그들 역시 아이들의 활동도 재미있게 즐긴다는 것을 알 수 있었다.

이 책을 읽는 여러분은 다양한 연령층과 활동하면서 무엇이 필요한지, 어떤 놀이나 활동이 알맞을지를 쉽게 알 수 있을 것이다. 모둠원이 이미 열정적으로 호응했다면 1단계 목표를 쉽게 달성하고, 2단계나 3단계 활동으로 넘어갈 수 있다. 또한, 3단계의 깊은 자연체험 놀이에 활동적인 1단계 놀이를 추가하여 각 사람의 활력과 의욕을 북돋을 수 있다. 셰어링네이처 놀이 활동의 주요한 원리 중 하나는 '자연체험은 재미있어야 한다.' 이다. 플로러닝 1단계 놀이에는 웃음소리, 흥겨움, 동료애와 의욕이 넘쳐난다. 재미있는 놀이는 다른 사람과 나를 연결하며 호기심을 불러일으킨다. 그리고 상상력을 자극하여 창의력을 키우고 살아 있음을 충분히 느끼게 한다.

플로러닝 1단계는 자연에 속하여 자연과 하나 되는 기쁨을 경험하고, 진정한 즐거움을 위한 다음 단계의 초석을 마련한다.

1단계: 열의를 일깨운다.

특성: 재미있고 활동적인 놀이

- 놀이를 좋아하는 참가자의 특성을 바탕으로 한다.
- 열정적인 분위기를 끌어낸다.
- 역동적인 시작으로 모두가 "이 놀이가 정말 재미있다!" 라는 마음을 갖게 한다.
- 주위의 자연에 민감해지고 수동적인 마음을 극복한다.
- 소속감을 느끼게 한다.
- 훈련 같은 분위기는 최소로 줄인다.
- 참가자, 안내인, 자연물 사이의 관계를 발전시킨다.
- 모둠의 긍정적 연대감을 기른다.
- 활동의 방향과 원칙을 정한다.
- 더 많은 감각을 사용하는 활동을 준비한다.

2단계: 주의를 집중한다.

사람의 마음은 한곳에 머무르지 않는다. 나는 몇 년 전에 호주 캔버라에서 25명의 지도자를 교육하며 이 사실을 입증했다. 아름다운 한 그루의 나무를 가능한 한 오랫동안 집중해서 바라보다가 시선이 다른 나무로 옮겨질 때 손을 들라고 하였다. 6초 후, 참가자 모두 손을 들었다. 참가자들은 자신의 마음이 쉼 없이 움직이고 있음에 놀랐다.

심리학자들의 연구에 의하면 인간은 일 분 동안 300가지의 생각을 한다고 한다. 2010년 하버드 대학의 매튜 킬링 워즈 Matthew A. Killingworth와 다니엘 길버트 Daniel T. Gliber는 '성인은 주어진 시간의 47%를 무언가를 하기보다 다른 어떤 생각을 한다.' 는 사실을 밝혀냈다. 자연을 알기 위해서는 자연에 집중해야 한다. 집중이 얼마나 중요한가를 알려면 다음과 같은 실험을 해 볼 수 있다.

자연경관이 아름다운 야외로 나가 주변을 주의 깊게 관찰하면서 듣고 보는 모든 것을 즐기라. 주의 깊게 자연에 집중할 때 주변의 모든 것이 생생하게 살아 움직이고 있음을 주목하라. 하지만 마음이 분산되면 생생한 자연 세계가 사라진다. 지속해서 의식의 흐름을 느끼고, 집중할 때와 그렇지 않을 때를 관찰하라.

지속적인 의식의 힘을 생각하라. 온전히 자연에 주의 집중함으로써 자연을 만나고 진정으로 자연을 알 수 있다.

2단계 놀이는 참가자가 집중력을 가지고 효과적으로 놀이에 몰입하도록 재미있는 도전을 선사한다. 참가자가 완전히 놀이에 몰두함으로써 관찰력이 좋아지고 마음을 차분히 가라앉혀 감수성이 높아진다.

2단계 활동은 활동적이고 재미있는 놀이로 다음 단계의 내적 깊은 자연체험 활동으로 이어 주는 완벽한 다리 역할을 한다.

2단계 놀이의 상징 동물은 까마귀다. 까마귀는 주위를 날카롭게 관찰하는 새이다. 참가자가 그들의 감각에 집중하여 기발한 방법으로 나만의 까마귀 놀이를 만들 수 있다.

〈카무플라주 Camouflage〉는 저학년 아이를 위한 까마귀 단계의 대표적 놀이다. 이 놀이를 하려면 안내인은 숲길을 따라 인공적인 물건들을 여기저기 놓아둔다. 그리고 아이들에게 길을 따라 걸어가면서 숨겨진 자연물을 찾게 한다. 쉽게 눈에 띄는 물건과 녹슨 못, 옷핀 등 주위 자연과 뒤섞여 찾기 어려운 것도 준비한다.

아이와 어른이 숲길을 따라 걸으며 〈카무플라주〉를 하면 집중해서 주위를 관찰한다. 한 안내인이 물건을 감춘 산책로의 끝 지점 표시를 깜박 잊어버렸다고 한다. 원래 물건을 숨겨 둔 산책로의 길이가 30미터 정도였는데 아이들이 관찰에 너무 열중한 나머지, 70미터나 더 가고 말았다고 한다. 〈카무플라주〉 (124쪽)

내가 좋아하는 또 다른 2단계 놀이는 〈소리지도 Sound Map〉 (122쪽)이다. 먼저 참가자에게 종이와 연필을 나누어 주고 종이 중앙에 자신이 앉아 있는 곳을 X로 표시하게 한다. 그리고 소리가 들려오는 방향, 어느 정도 떨어진 곳에서 소리가 들리는지를 구분해서 지도 위에 표시하게 한다. 조용히 앉아서 가까운 나무에서 나는 소리, 새 소리, 졸졸 흐르는 시냇물 소리는 참가자의 마음을 안정시키고 주위 생명체에 대한 인식을 깊게 한다. 주의집중 단계의 놀이는 오래 할 필요는 없다. 5분에서 15분이면 충분하다.

참가자를 안내하면서 자신에게 이러한 질문을 해 보면 도움이 된다.

참가자들이 지치고 기운이 없을 때: '어떤 놀이로 힘을 북돋우고 기운 나게 할 수 있을까?'

아이들이 너무 들떠 있을 때: '어떤 놀이로 주의집중하고 마음을 차분히 할 수 있을까?'

'어떻게 하면 플로러닝의 순서와 활동을 변용하여 새롭고 활기찬 놀이를 할 수 있을까?'

전통적 교육은 주로 정보 전달에 집중한다. 그것 못지않게 학생의 활력과 관심도 반드시 고려해야 할 중요한 일이다. 더 많은 학생이 긍정적으로 주제와의 연관성을 친근하게 경험하고, 정보를 쉽게 배울 수 있도록 의식을 깨우고 흥미롭게 참여해야 한다.

플로러닝 1, 2단계는 참가자에게 창조적인 학습 분위기를 제공한다. 참가자가 의욕이 없다면 수달 놀이 등으로 힘을 북돋울 수 있고, 너무 들떠있다면 차분한 까마귀 활동으로 마음을 가라앉힐 수 있다.

2단계: 주의를 집중한다.

특성: 재미있고 활동적인 놀이

- 주의력과 집중력이 향상된다.
- 주의에 집중함으로써 자연에 대한 경외심이 깊어진다.
- 1단계의 열의를 긍정적으로 전달한다.
- 관찰력이 향상된다.
- 마음을 차분히 가라앉힌다.
- 더 많은 자연체험을 위한 섬세한 감수성을 확장시킨다.

3단계: 자연을 직접 체험한다.

자연을 아는 비결은 자연과 깊은 만남으로 욕심 없는 마음이다. 짧은 시간이라도 자연에 바르게 몰입할 때 살아 움직이는 자연 만물을 만난다. 3단계의 모든 놀이와 활동은 자연에 깊이 몰두하게 한다.

최근 과학 연구에 따르면 자연과 깊은 만남으로 자연에 대한 생동감, 외경심, 소속감이 증가한다는 사실이 확인된다. 플로러닝을 체험하는 동안 생태학적 관심이 자연스럽게 깨어난다.

2011년 독일에서 수목 관리원을 위한 이틀간의 워크숍을 진행하였다. 교육 후 한 참가자가 "나는 산림관리원으로서 숲의 나무를 상업용 원자재로만 보았습니다. 하지만 셰어링네이처 교육을 받고 난 후 풀, 나무 그리고 숲의 모든 것이 나의 친구라는 사실을 알게 되었습니다. 이 교육은 나에게 숲을 대하는 새로운 방식을 보여 주었고, 내 업무에도 영향을 미칠 것입니다."라고 내게 말했다.

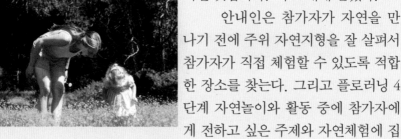

안내인은 참가자가 자연을 만나기 전에 주위 자연지형을 잘 살펴서 참가자가 직접 체험할 수 있도록 적합한 장소를 찾는다. 그리고 플로러닝 4단계 자연놀이와 활동 중에 참가자에게 전하고 싶은 주제와 자연체험에 집중할 수 있는 놀이와 활동을 선택한다.

30여 명의 친구와 함께 캘리포니아에 있는 삼나무 숲으로 소풍을 갔을 때의 일이다. 나는 친구들에게 웅장한 삼나무와의 일체감을 느끼게 하려고 모두의 눈을 가리고 산책로를 따라 줄을 매어둔 숲의 이곳저곳을 안내하기로 했다. 눈가리개를 한 친구들은 이리저리 꼬여 내려가고, 올라가는 줄을 손으로 잡고 코, 귀를 사용하여 빽빽하게 자란 삼나무 숲 사이를 헤치며 나아갔다. 나무 아래로 기어가기도 하고, 물줄기가 흘러내리는 폭포 옆을 지나가기도 했으며 환히 트인 숲속 오솔길로 들어가기도 했다.

우리는 마지막으로 아주 어둡고 조용한 동굴에 도착했다. 몇 명이 용기 내어 먼저 동굴 안으로 들어갔다. 그러자 새 소리도 바람 소리도 들리지 않았다. 앞으로 걸어가면 갈수록 머리 위로 미끈미끈한 것이 느껴져 기어갈 수밖에 없었다. 모두 줄에 의지한 채 미지의 세계로 나갔다. 무서워하는 사람도 있었지만 '안전하다.' 라는 내 말에 용기를 얻어 앞으로 가게 했다. 모두가 줄을 잡지 않은 다른 손을 앞으로 쭉 뻗어 조심스럽게 더듬으며 걸어갔다. 마침내 길이 좁아지면서 주위 벽의 물기가 사라졌다. 현재 우리가 어디 있는지 알아차린 누군가의 들뜬 소리로 고요함이 깨졌다. 줄은 작은 사각 구멍을 지나서 드디어 우리를 눈부시게 빛이 쏟아지는 곳으로 안내해 주었다.

우리는 놀이의 출발 지점으로 돌아와 어떤 곳을 지나갔는지 알아보기 위해 이번에는 눈을 가리지 않고 줄을 따라가 보기로 했다. 속이 빈 채로 쓰러져 있는 거대한 삼나무 속을 밧줄이 통과하는 것을 본 사람들은 모두 즐거워했다. 쓰러진 밑동 부분으로 들어가 나무 옆의 구멍 난 곳으로 나오기까지 12미터쯤을 기어가야만 했다. 모두가 그 나무 크기에 놀라 나무 옆으로 다가가 이리저리 살펴보았다.

만약 내가 그들을 나무 가까이 인도해서 그저 나무 나이나 무게, 번식 방법에 관해 이야기했다면 그들은 그만큼의 흥미를 갖지 못했을 것이다. 그들은 신비로운 나무 체험을 함으로써 아주 오랜 옛날부터 이 숲에 살다가 얼마 전에 쓰러져 누운 거목에 완전히 심취해 버렸다.

자연을 직접 체험하기 위해 반드시 야외에 나갈 필요는 없다. 대부분 의 3단계 활동은 도시공원이나 학교 운동장, 뒷마당에서도 효과적으로 할 수 있다. 몇 가지 놀이는 자신의 상상력을 발휘하여 실내에서도 할 수 있다.

3단계(자연을 직접 체험한다.)의 상징은 곰이다. 강한 호기심을 가진 곰의 고독하고 조용한 성질은 자연을 직접 체험하는 상징으로 적합하다. 곰은 많은 원주민에게 자기 성찰의 상징이다.

곰 놀이 가운데 쉽고 강한 인상을 남기는 활동은 두 사람이 같이하는 〈카메라 게임 Camera Game〉인데 한 사람은 사진사가 되고 나머지 한 사람은 카메라가 된다. 사진사는 아름다운 풍경이나 재미있는 장소를 찾아 눈을 감은 카메라를 인도한다. 사진사가 카메라 어깨를 두 번 치면 카메라는 3~5초간 셔터(눈)를 열고 자연(물)을 응시한다. 짧은 노출은 카메라에게 강한 인상을 줄 수 있다. 눈을 감고 있다가 갑자기 시야에 들어온 장면은 놀라운 경험을 선사할 수 있다. 실제로 많은 사람이 몇 년이 지나도 그때 찍은 사진을 기억하고 있다고 말한다.

〈새 부르기 Bird Calling〉, 〈내 나무에요! Meet a Tree〉, 〈해 질녘 관찰 Sunset Watch〉, 〈동물미스터리 Mystery Animal〉는 많은 곰 놀이 중의 일부이다. 이 놀이는 독특한 방법으로 참가자에게 자연을 직접 체험하게 한다. 자연을 직접 체험하는 3단계와 주의집중하는 2단계는 사실 비슷할 수 있지만, 3단계의 직접적인 자연체험은 사람들을 자연에 깊게 빠져들게 하는 큰 힘이 있다는 것이 2단계와 다른 점이다.

3단계 활동은 자연 세계와 밀접한 상호 관계를 맺어준다. 〈새 부르기 Bird Calling〉, 〈내 나무에요! Meet a Tree〉, 〈밧줄 따라 숲속 여행 Blind Trail〉 등이 대표적 놀이다. 우리가 사는 지구에 관한 관심을 불러일으키기 위해서 깊이 몰입하는 자연체험이 필요하다. 그렇지 않으면 자연과 우리의 관계가 추상적이고 소원한 상태로 남아 진정한 감동을 얻기 어려울 것이다.

4단계: 영감을 나눈다.

 4단계 놀이의 목표는 자신의 체험을 뒤돌아보고 감동을 나누는 것이다. 연구 조사에 의하면 단지 체험하는 것으로는 부족하다고 한다. 체험을 뒤돌아보고 나누는 일은 자연체험의 의미를 명확히 하고 감동을 한층 더 깊게 한다. 참가자는 지금까지 놀이하면서 느낀 자연체험의 감동을 글쓰기나 이야기 나누기, 시나 그림으로 나누기등으로 체험을 내면화하고 참가자 간에 나눔 활동을 활성화한다.

자연에서 받은 개인의 영감을 서로 나눔으로 밖으로 영감을 표출하고, 다른 참가자에게도 감동을 줄 수 있다. 4단계 활동은 거대한 강과 같다. 작은 영감의 지류들이 모여 역동적 흐름을 만들어 강 옆에 사는 모두를 먹이고 통합하는 것 같다.

또한, 나눔은 모둠의 생각을 강화하고 향상시켜 고양된 분위기를 만든다. 이런 분위기에서 안내인이 나눔의 이야기와 생각을 들려주면 참가자는 자연스럽게 마음으로 받아들인다. 〈하늘을 나는 새 The Birds of The Air〉와 같은 4단계 놀이는 참가자가 자연을 사랑하게 됨을 기뻐하여 자연과의 완벽한 조화를 창출한다.

돌고래는 무리 지어 생활하고 동료를 소중히 여기며 다른 생명체를 배려하는 동물이다. 이 동물은 4단계 활동의 특징인 나눔과 배려에 잘 어울린다.

나눔 활동은 참가자에게 학습 능력을 배가시키고, 안내인에게는 놀이 속에서 참가자가 무엇을 생각하고 느꼈는지 알 수 있으므로 앞으로 활동을 진행하는데 좋은 참고자료가 된다. 안내인은 2단계, 3단계 활동 중에서 몇 가지 놀이를 선택하여 짧은 나눔 활동에 추가할 수 있다. 모둠의 나눔 구성을 다양화하여 신선하고 흥미롭게 참가자를 이끈다. 예를 들어 한 가지 활동을 하기 위해 모둠을 세 모둠으로 나누고, 다시 한 모둠이 되어 다음 활동을 진행하기도 한다.

플로러닝의 나눔 단계는 내가 가르쳤던 가장 도전적인 수업으로써 내가 직접 체험했던 것처럼, 참가자들 사이에도 아름답고, 때로는 감춰진 자질을 드러낼 수 있다. 내 수업에 참여한 아이들은 런던 시내의 빈민가에서 온 서른 명 정도의 십 대들이었다. 다양한 색으로 머리를 염색한 아이, 뺨에 핀을 꽂은 아이, '죽여버려!' 같은 말이 등에 적힌 옷을 입은 아이도 있었다.

그때가 1981년이었는데, 나는 북 캘리포니아에서 자라서 전에 그런 아이들을 본 적이 없었다. 그렇지만 그들이 놀이에 열중하는 모습은 놀라웠다. 끝날 무렵에는 거칠고 도전적이었던 태도를 더는 보이지 않았다. 플로러닝 과정의 모든 결과물인 즐거운 열의, 차분한 감수성과 연대감으로 반항적인 태도들이 수그러들었다.

나는 땅에 대한 감사와 친근감을 함께 이야기하며 그날의 체험교육을 마무리했다. 아이들을 인솔해 온 선생님은 아이들이 자연스럽게 상대의 이야기에 귀 기울여 듣는 것에 깊이 감동하였다.

노래나 이야기로 플로러닝 수업을 마무리하면 참가자 간의 일체감을 만들어 주고 자연과의 친밀감을 강화한다. 이 나눔의 놀라운 효과는 과학적으로도 검증되었다. 피터 브라운 호프마이스터 Peter Brown Hoffmeister는 이렇게 기술하고 있다.

자기 공명 영상(MRI)으로 뇌를 조영한 결과, 이야기하는 사람과 듣는 사람의 뇌는 같은 공명을 갖는다는 사실이 증명됐다. 즉 이야기를 나누고 있는 동안에 함께 참여한 모든 사람의 뇌 활동은 같은 영상을 갖는다는 뜻이다.

이야기하는 사람의 대뇌피질 중에 감정을 담당하는 영역이 활발해지면 듣는 사람의 같은 부위도 활성화된다. 또한, 이야기하는 사람의 전두엽이 활성화되면 듣는 사람 모두의 전두엽도 같이 활성화된다. 그러므로 이야기하는 사람이 말할 때 이야기 듣는 사람도 정확히 신경학적 방법으로 똑같이 경험하게 된다. 그야말로 함께 공유하는 체험이 된다. 잘 다듬어진 이야기를 들은 후에 사람들은 '마치 내가 이야기 속에 있었던 것 같은 느낌'이라고 말하는데 그 이유는 이야기 한 사람이나 듣는 사람, 모두의 뇌가 실제로 거기 있었기 때문이다.*

*Peter Brown Hoffmeister, Let Them Be Eaten by Bears(New York: Penguin, 2013), 78-79

인간이 말하기 시작한 이래로 이야기는 사람의 생각과 행동에 영향을 끼쳐왔다. 오늘날의 과학은 이야기 듣는 사람을 그 이야기가 마치 진짜로 일어난 것처럼 생생하게 만든다는 사실을 보여 준다. 훌륭한 자연주의자의, 희망의 삶 이야기로 수업을 끝내는 것은 참가자의 이상과 이타심을 북돋우는 매우 훌륭한 방법이다.

사람들은 특별히 존 뮤어의 야생동물과 함께 한 생활과 즐거운 모험담 듣기를 좋아한다. 나는 뮤어 정신을 전하기 위해 '존 뮤어: 자연과 함께 한 삶'을 썼는데, 책 속에는 이야기 나누기에 쉽고 유익한 소재가 많이 있다.

4단계: 영감을 나눈다.

특성: 자연에서 얻은 영감을 서로 나누는 활동

- 개인의 체험을 명확히 하고 강화한다.
- 배움을 증진 시킨다.
- 고조된 분위기를 만든다.
- 서로 나눔으로써 체험의 폭을 더 넓힌다.
- 참가자 간에 강한 연대감을 만든다.
- 꿈과 이타심을 촉진한다.
- 안내인은 피드백을 받는다.

플로러닝의 즐거움

　플로러닝 자연학습법의 효과는 강력하다. 그렇지만 부드럽게 수업 진행을 할 수 있다. 아이나 성인, 모두에게 자연 교육을 소통하기에 가장 자연스럽고 확실한 교육 방법이다. 플로러닝은 참가자의 활기와 내면 요구를 학습과 감성에 적용하여 가장 적절하게 인간 본성과 조화롭게 작용한다.

　낯설었던 모둠 분위기가 1단계 프로그램을 시작한 지 몇 분도 안 돼 참가자의 몸과 마음이 주위 자연환경에 자연스럽게 적응하는 것을 볼 수 있다. 이렇게 적응하는 과정을 보는 것이 플로러닝에서 내가 좋아하는 부분이다. 플로러닝 1단계 목표는 열의를 일깨우는 것이다. 아이, 어른의 구별 없이 꾸밈없는 명랑함과 천진함, 포용력, 재미로 모둠이 하나 되고, 처음의 어색했던 분위기가 눈 녹듯 사라진다. 이제 참가자는 배움에 적극적으로 참여할 준비가 되었다.

　"조셉 코넬의 놀이 활동에 사람들은 쉽게 빠져든다. 특히 어른이나 십 대들은 이 활동이 '어린아이들이나 하는 놀이'라며 종종 거부되었던 놀이 활동에 참여하면서 오감으로 느끼고 탐구하도록 격려받고 신난 모습을 보는 것은 나에게 무척 놀라운 일이다. 진정으로 나이를 불문하고 참가자가 동심의 순박함으로 돌아갈 기회를 가질 수 있다. 셰어링네이처 활동은 우리가 모두 이러한 체험을 경험할 수 있도록 격려한다. 자연에서 셰어링네이처 놀이로 우리 정신이 새로운 깨침과 활력을 받게 되므로 어느 순간 우리의 나이를 잊는다."

-Kate Akers, National Executive member,
New Zealand Association for Environmental Education

"셰어링네이처와 더불어 플로러닝 단계별 활용으로 자연환경 교육을 즐겁게 가르치게 되었다. 말할 수 없는 환희와 깊은 깨달음으로 참가자의 얼굴이 환해진다."

-David Tribe, Environmental Education Consultant,
Department fo Education, New South Wales, Australia

2 부

자연활동들

시간과 장소에 따라 알맞은 놀이 선택하기

셰어링네이처 활동은 우리를 자연에 깊이 빠져들게 할 만큼 매력적이다. 또한, 모든 연령대의 참가자가 행복하게 다 함께 놀이를 즐길 수 있다. 샌프란시스코에서 가족을 위한 자연 프로그램을 진행한 후에 들은 이야기이다. 5살의 릴리 부모가 자연 안내인에게 이렇게 말했다. "새로운 체험을 해보도록 우리가 릴리를 격려할 때, 릴리는 항상 주저하며 뒤로 물러섰어요. 그런데 셰어링네이처 놀이를 할 땐 도리어 우리를 이끌며 즐거워하는 릴리를 보니 정말 놀라웠어요."

이제 소개할 각 장의 활동들은 플로러닝 단계에 따라 배열되어있다. 참가자에게 최상의 놀이를 제공하기 위하여 놀이와 활동을 쉽게 선택하도록 각 놀이에 '즉석 참고 박스'를 두었다.

1. 참가자의
   열의를 일깨운다.

활동 단계를 대표하는 동물

놀이의 개념과 기법, 효과,

- 놀이에 알맞은 장소와 시간
- 적당한 참가자 인원
- 알맞은 나이
- 준비물

3. 자연 직접 체험한다.

2. 주의를 집중한다.

4. 영감을 나눈다.

올바른 활동을 찾기 위한 다른 방법은 219쪽 부록 「나」에 있는 최상의 놀이 찾기를 참조하는 것도 좋다. 어린아이, 십 대, 어른들을 위한 실내활동, 비 오는 날, 과학, 자연역사 등에 관한 놀이가 포함되어 있다.

열의를
일깨우는 활동

활동적인 이 놀이는
아이의 열의와 학습의욕을
불러일으키고
즐거운 동료애를 만든다.

나는 북 캘리포니아의 훼더 강 The Feather River 근처에서 자랐다. 열 살 무렵부터 아침 햇살을 맞으려고 새벽어둠 속으로 달려나가곤 하였다. 나는 아침을 깨우는 여명이 자연 세계에 생동감을 불러일으키는 광경을 좋아했고, 들판과 작은 연못에 쏟아지는 황금빛 햇살, 이곳저곳에서 분주하게 움직이는 토끼들의 바스락거리는 소리, 하늘을 날아다니는 새들을 좋아했다. 삼라만상이 새롭게 태어나는 동틀 무렵, 모든 것과 기분 좋은 친밀함을 느낄 수 있었다.

셰어링네이처 놀이 활동의 중요한 규칙 중 하나는 체험 활동에 즐거움이 스며들어야 한다는 것이다. 워크숍에는 두 가지 즐거움이 있다. 재미와 웃음이 넘치는 즐거움과 소속감을 동반한 즐거움이다. 흥미 만점의 놀이는 참가자에게 내재된 명랑한 활기를 일깨운다.

아이들은 활기와 열의가 넘친다. 어린 시절의 뇌와 마음은 새로운 정보를 받아들이고 이해하기에 가장 적합한 시기이다. 창조적인 놀이는 호기심과 상상력을 자극하여 지식을 서서히 불어넣는데 뛰어난 매개체이다.

놀이는 흥미진진하며 해방감을 주기 때문에 성인이나 십 대들이 놀이하면서 어린 시절의 자유분방함을 다시 느낄 수 있다.

서로친해지기

활기가 넘치는 시작 활동으로 참가자가 서로 부담 없이 만나 친해지도록 돕는다. 참가자가 자기 짝에게 한 가지 질문을 하면 그의 짝도 질문을 한다. 모든 참가자와 더 친숙한 관계가 되기 위해 서로를 격려하면서 한 사람에게 너무 많은 시간을 쓰지 않도록 한 사람에게 한 가지 질문을 한다. 이 활동의 목적이 잘 모르는 사람을 찾아 새로운 사람을 만나는 것이기 때문이다.

서로 친해지기 위한 질문

1. 신나고 가슴 설레는 자연체험을 한 적이 있습니까?
2. 특별히 의미 있는 동물이나 식물이 있습니까?
3. 자연에서 하는 좋아하는 활동이나 취미가 있습니까?
4. 자연에서 배우고 싶은 것이 무엇입니까?
5. 산에서 길을 잃어버린 적이 있습니까?
6. 자연보호나 자연사 분야의 본받고 싶은 사람이 있습니까?
7. 무인도에 간다면 가지고 가고 싶은 책이 무엇입니까?
   책제목: _____ , _____ , _____ .
8. 자연과 관련된 노래나 시, 책의 구절 등을 외울 수 있습니까?
9. 자연에서 자신의 한계를 이겨낸 경험이 있습니까?

열의를 일깨우는 놀이활동

- 도입
- 낮, 밤/ 어디서나
- 7명 이상
- 10세 이상
- 질문 카드와 연필

서로 친해지기 Getting Acquainted는 Cliff Knapp의 저서 Humanizing Environmental Education (Martinsville, IN: American Camping Association, 1981)에서 발췌한 것이다.

코 만지기

〈코 만지기〉는 자연에서 처음 걷기 활동에 하면 아주 좋다. 참가자는 의자에 조용히 앉아 있어도 호기심이 생겨 놀이에 깊이 몰두한다.

〈코 만지기〉는 즐거운 수수께끼 놀이로 미리 준비한 여러 동물 힌트를 듣고 맞히는 활동이다. 힌트를 주기 시작하면 답이 확실해질 때까지 참가자의 집중력이 점점 높아진다.

놀이방법: 안내인은 다음과 같이 설명한다. "지금부터 어떤 동물에 관해 여덟 가지 힌트를 듣고 어떤 동물인지 생각해보세요. 답을 알아도 절대 말을 해서는 안 됩니다. 만약 어떤 동물인지 안다면 손가락으로 코 끝을 만지는 침묵의 신호를 보내세요. 그러면 나뿐만 아니라 모두에게 자기가 답을 알고 있다는 것을 보여 줄 수 있습니다."

힌트는 모든 사실에 근거한다. 하지만 때로 재미있는 진행을 위해 힌트가 살짝 비켜나갈 수도 있다. 손가락으로 코를 만졌는데 틀렸다고 생각되면 어떻게 할까? 손으로 머리나 뺨을 슬쩍 스치며 코를 만지지 않은 척하며 내린다!! (입을 가리고 살짝 마른기침을 하는 것도 효과적인 방법이다.) 좀 과장된 코 만지기나 우스꽝스러운 장난은 참가자의 재미를 더할것이다.

참가자에게 이렇게 설명한다. "힌트를 듣고 가까이 있는 사람과 살짝 의논하는 것은 좋지만 모두가 들릴 정도의 큰 소리는 내지 마세요. 처음 몇 가지 힌트를 듣고 답을 몰라도 걱정할 필요는 없습니다. 이것은 수수께끼 놀이니까요. 이 동물은 여러분 모

동식물에 관해 배우기

- 낮, 밤/어디서나
- 2명 이상
- 5세 이상
- 동물 힌트 카드

두가 알고 있는 것입니다. 자, 이제 여덟 가지 힌트를 드리겠습니다."

1. 날개가 있고 알을 낳습니다.
2. 우리는 열대 지방에 살지만, 우리와 같은 종은 세계 어디서나 볼 수 있습니다.
3. 앞, 뒤, 좌우로 날 수 있고 한 장소에 머뭅니다.
4. 냉혈 동물입니다.
5. 4단계의 삶을 삽니다. 알, 애벌레, 번데기, 그리고 성충이 됩니다.
   수컷은 숱이 많고 소리를 감지할 수 있는 더듬이가 있습니다.
   날갯소리로 암컷의 위치를 알 수 있습니다.
6. 뿜어내는 열기와 습기, 이산화탄소로 당신을 감지할 수 있습니다.
7. 수컷은 꿀을 먹고 암컷은 꿀과 피를 먹습니다.
8. 23미터 정도 떨어진 거리에서도 사람 냄새를 맡을 수 있습니다.
   우리에게 물리면 말라리아 등, 많은 질병에 걸릴 수 있습니다.
   암컷은 200개까지 알을 낳습니다.　　　　　　　　(답) 모기

나는 누구일까요?

〈나는 누구일까요?〉는 짧은 시간 내에 참가자 모두를 놀이에 몰두하게 하는 활동이다. 참가자는 동물의 특징과 습성을 배울 수 있다. 무슨 동물인지 알아맞히기 위해 서로 묻고 답하며 동물 분류를 위한 비판적 사고의 기술을 활용한다. 열의를 일깨우는 놀이는 깜짝 놀랄 만한 재미로 모두가 열의를 갖고 놀이에 몰두한다. 동물 그림카드를 각 참가자의 등에 집게로 고정한다. 질문에 "예.", "아니오."로 답하면서 무슨 동물인지 찾아낸다. 동물 이름이나 무슨 종에 속하는지는 질문할 수 없다. 예를 들어 "나는 포유류입니까?" 또는 "나는 다람쥐입니까?" 와 같은 질문은 할 수 없다. 질문은 "나는 온혈동물이고 털이 나 있습니까?"와 같이 동물의 생물학 특징에 근거하여 질문한다.

하워드 가드너 Howard Gardner의 다중 지능 이론에 따르면, 인간 지능은 8개의 독립된 지능으로 이루어져 있는데 그중 하나가 자연주의적 지능이다. 자연주의적 지능은 다양한 꽃이나 풀, 돌과 같은 동식물이나 광물을 분류하고 인식하는 능력을 말한다. 처음 동물 이름을 알아내려할 때, 아이들은 자신이 알고 있는 지식을 어떻게 사용해야 할지 잘 모른다. 이 놀이는 아이들에게 답을 찾기 위해 범위를 좁혀가며 분류하는 법을 가르쳐 준다. "나는 온혈동물입니까?"라는 질문에 "예." 하고 대답하면 포유류거나 조류임을 알 수 있다. 다음 질문에 날지 않는다면 포유류거나 타조처럼 날지 못하는 조류라는 것을 알게 된다. 그리고 이 동물이 다리가 4개인지를 물을 수 있다. 이처럼 재미있고 간단한 방법으로 아이들은 동물 분류하는

데 점점 능숙해진다.

〈나는 누구일까요?〉는 서로 격려하며 진취적으로
진행하는 모둠 놀이 활동이다. 참가자는 모든 동물을
맞히지 않으면 끝난 것이 아니라고 생각한다. 자신의
동물이 무언지 알아냈더라도 마지막 사람이 자기
동물 이름을 알아낼 수 있도록 질문에 답해주려고
주위에 모여 있는 것을 여러 번 목격했다.

동물의 분류.
생태 알기

• 낮, 밤/ 어디서나
• 4명 이상
• 7세 이상
• 동물 사진, 집게

놀이방법: 동물 이름을 적은 카드를 사용해도 좋지만, 동물 사진 카
드로 놀이하는 것이 더 재미있다. 자연 관련 단체에서 발행한 우편엽서
의 동물 사진과 설명을 활용하면 참가자가 동물의 특징과 이름을 확인할
수 있다.

각 참가자의 등에 동물 그림카드를 집게로 고정하고, 돌아다니면서
다른 참가자들에게 동물의 특징을 묻는다. 그러나 이름이나 어떤 종인지
는 물을 수 없다고 말한다. 참가자 모두는 서로 돌아가며 다른 참가자와
한두 개의 질문을 주고받는다. 대답은 "예.", "아니오.", "모릅니다." 로
만 할 수 있다. 만약 정답을 모르면 "확실히 모른다."라고 말해야 한다.
틀린 대답은 오히려 혼란스럽게 만들어 맞히기 어렵기 때문이다. 자기
동물을 맞힌 참가자는 등에 붙였던 그림을 가슴에 다시 붙인다.

이 놀이의 목표는 참가자 모두에게 성취감
을 맛보게 하는 것이므로 각 사람의 수준을 고
려한 배려가 필요하다. 새에 관한 지식이 있고,
나이 든 참가자라면 어느 과, 어느 분류에 속하
는지 정확히 이야기할 수 있겠지만 어린아이가
안내인에게 "나는 새예요."라고 대답해도 맞았
다고 해 주는 것이 좋다.

나무 만들기

나는 1980년대에 나무가 생물학적으로 어떻게 성장하는지를 가르쳐 주려고 이 놀이를 만들었다. 힘들이지 않고 몸을 움직여 나무의 생물학적 지식을 배울 수 있어서 아이들이 이 놀이를 좋아한다. 〈나무 만들기〉는 자연스러운 웃음과 모둠의 동지애를 끌어낸다.

놀이방법: 〈나무 만들기〉 놀이를 하려면 적어도 20명 정도의 인원이 필요하다. 로스앤젤레스의 트리 피플 Tree People이라는 단체에서 최대 700명이 이 놀이를 한 적도 있다. 영화배우 그레고리 팩 Gregory Peck도 심재 부분으로 참여하였다.

이 놀이에서 참가자들은 나무의 여러 기관을 연기한다. 나무의 부분을 하나씩 만들면서 각 각의 기능을 설명한다. 다음의 안내문은 참가자 20명을 위해 만들었다.

나무의 구조 배우기,
협동심 키우기

• 낮, 밤/ 어디서나
• 20명 이상
• 5세 이상
• 없음

심재

키가 큰 한 사람을 앞으로 나오게 한다.

안내인 : "당신은 나무를 지탱하는 나무 중심인 심재입니다. 지금은 죽었지만 잘 보전되어 있습니다. 이 작은 관들은 송진으로 막혀있습니다." 심재를 맡은 이에게 "힘차고 당당하게 우뚝 서세요."라고 말한다.

나무 정보 : 심재는 이제는 나무에 수분과 양분을 공급하지 않는 죽은 부분이다. 나무 몸통의 대부분이 심재이다.

원뿌리

심재를 세운 후에 한 참가자에게 심재의 발끝에서 바깥쪽을 향해 앉게 한다.

안내인: "원뿌리는 나무를 땅에 고정하는 긴 뿌리입니다. 당신은 원뿌리로 땅속 깊이 뻗어 있습니다. 모든 나무가 원뿌리를 가지고 있는 것은 아니지만 이 나무는 가지고 있습니다. 거센 바람이 불어와도 나무가 쓰러지지 않도록 원뿌리는 흙을 꽉 잡아 줍니다. 원뿌리 덕분에 땅속 깊은 곳의 수분을 얻을 수 있습니다."

나무 정보: 나무뿌리는 대체로 낮고 넓게 뿌리를 내리고 있다. 보통 2미터가 안 되는 원뿌리를 내리는데 어떤 나무의 원뿌리는 땅속으로 더 깊이 뻗는다. 뿌리의 성장은 토양의 비중이나 물, 광물, 산소의 유무에 따라 결정된다.

곁뿌리

머리가 긴 세 사람에게 이 역할을 부탁한다. 곁뿌리를 맡은 사람은 다리를 심재에 걸치고 바깥쪽을 향해 똑바로 몸을 뻗고 눕는다.

안내인: "여러분은 낮지만 길게 뻗은 곁뿌리입니다. 나무의 곁뿌리는 몇백 개나 있습니다. 곁뿌리는 나뭇가지처럼 땅속에서 어디든 뻗어 나갈 수 있습니다. 곁뿌리는 나무를 똑바로 서 있게 도와줍니다."

"여러분의 머리카락을 바깥쪽으로 펼쳐주세요."라고 말하면서 안내
인은 잔뿌리를 연출하기
위해 곁뿌리 역을 하는
사람 곁에 앉아 머리카락
을 바깥쪽으로 펼친다.

"잔뿌리 끝은 점점 자
라서 수분이 있는 곳까지
계속 뻗어갑니다. 뿌리
끝에는 수백만 개의 잔뿌
리가 수분을 빨아들이고 광물은 분해합니다." "원뿌리와 곁뿌리 역을 맡
은 사람은 수분 빨아들이는 소리를 내며 연기해주기 바랍니다." 안내인
이 "물을 빨아들이고!"라고 말하면 모두가 "쭉!" 소리를 내며 수액 빨아
들이는 소리를 낸다.

나무 정보: 나무뿌리의 90퍼센트는 45~50센티 깊이의 땅속에서 산
다. 곁뿌리는 땅속에서뿐만 아니라 땅 위에서도 잘 자란다.

변재

세 사람에게 뿌리 역을 맡은 사람들을 밟지 않도록 주의하면서 안쪽
을 향해 손을 마주 잡고 심재를 둘러싼 원을 만들게 한다.

안내인: "여러분은 나무 일부분인 변재입니다. 변재는 뿌리로부터
수분과 광물을 빨아올려 나뭇잎까지 운반하는 작은 관입니다." "물" 분
자는 서로 달라붙는 습성 때문에 '붙임성이 좋은 분자'라고 부릅니다.
물 분자는 잎의 표피에 있는 기공을 통해 증발하면서 물을 위로 빨아올
립니다."

"변재는 물을 위로 운반하는 긴 통로입니다. 무더운 날, 큰 나무는 하
루에 380리터 물을 운반할 수 있고, 북아메리카 산 붉은 떡갈나무가 물을
빨아들이는 속도는 시속 28미터나 됩니다. 뿌리가 땅에서 빨아들인 수분
을 나무 위로 운반하는 것이 변재의 역할입니다. '안내인이 물을 운반하

세요!' 라고 말하면 변재 역을 맡은 사람들은 '획!' 하고 소리를 내면서 하늘을 향해 양팔을 추켜올립니다."

"자! 해 봅시다. 먼저 뿌리가 물을 빨아올립니다. 물을 운반하세요!" 라는 안내인의 말에 변재 역을 맡은 사람은 두 팔을 위로 뻗으며 "획!" 하고 소리를 낸다.

나무 정보: 날씨가 덥거나 햇빛이 강해서 뿌리의 수분 흡수 능력보다 나뭇잎의 수분 증발이 빨라지면 나무는 수분 손실을 막기 위해 나뭇잎 기공을 일시적으로 닫고 한낮에 낮잠을 자기도 한다.

부름켜와 체관부

부름켜와 체관부의 역할을 위해 6명을 선택한다. 변재 바깥쪽에 서서 안쪽을 향하여 손을 마주 잡고 원을 만든다.

껍질
Outer Bark
Phloem
체관부

부름켜
Cambium

Sapwood 변재
Heartwood 심재

안내인: "이 원은 나무의 부름켜와 체관부를 나타냅니다. 원의 안쪽이 부름켜 층인데 나무의 성장 부분입니다. 부름켜는 나무의 몸통, 뿌리와 가지에 있습니다. 부름켜는 나무가 성장하는 시기에 나무 성장을 돕는 새로운 세포를 만들어냅니다."

"나무뿌리는 사람의 머리카락처럼 위로 자라지 않습니다. 나무에 못을 박아 표시를 해놓으면 세월이 지나도 똑같은 높이에 자국이 남아있습니다. 나무 중간 부분인 체관부에서 바깥쪽으로, 뿌리나 가지 끝에서 바깥쪽으로 자랍니다."

"부름켜의 바깥쪽은 체관부입니다. 부름켜와 껍질 사이에 있습니다. 잎에서 만들어진 양분을 나무의 나머지 부분으로 운반하는 것이 체관부의 역할입니다."

"체관부 역을 맡은 사람의 손은 잎이 됩니다." 팔을 위로 뻗어 팔목이나 팔뚝 부분을 서로 교차하여 잎처럼 하늘하늘 움직이게 한다.

안내인이 "양분을 만들고!"라고 말하면 체관부는 팔을 위로 들고, 하늘거리며 태양의 에너지를 흡수해 양분을 만든다. 안내인이 "양분을 운반하세요!"라고 말하면 태양의 양분을 아래로 운반하듯이 몸을 숙이고, 무릎을 구부려 손과 팔을 아래로 내리며 '와아~' 하는 소리를 내는데 '와아~' 하는 소리를 점차 조금씩 줄여 간다. 안내인이 "한 번 더 해 봅시다."라고 말한다.

나무 정보: 봄에 잎 속에 만들어 놓은 양분은 나무가 새롭게 성장하는 데 사용한다. 여름 동안 축적한 여분의 양분은 가을과 겨울을 대비해 뿌리에 저장한다. 부름켜 층은 몸통과 가지, 뿌리가 성장하도록 돕는다.

변재는 나중에 심재가 된다. 온화한 지역에서는 계절마다 나무의 다른 부분이 자란다. 일반적으로 봄에 잎이 나고 몸통은 여름에 자라며 가을과 겨울에 뿌리를 내린다. 습한 열대지역에서는 일 년 내내 나무의 모든 부분이 지속해서 자란다.

나무의 각 기관을 하나로 만드는 연습

아래 순서대로 나무의 네 기관의 소리와 동작으로 전 과정을 두 번 해본다.

* 안내인: "뿌리가 물을 빨아들입니다."

    뿌리: "쭉" 하고 소리를 낸다.

* 안내인: "잎은 양분을 만듭니다."

    체관부: 나뭇잎처럼 손을 하늘거린다.

* 안내인: "변재는 물을 운반합니다."

    변재: 손을 위로 들고 "휙!" 하고 소리친다.

* 안내인: "체관부는 양분을 운반합니다."

    체관부: 손을 아래로 내리고 몸을 숙이면서 "와아~" 하는 소리를 낸다.

나무껍질

나머지 참가자는 나무 주위에 원을 만들고 얼굴을 바깥쪽으로 향한다.

안내인: "여러분은 나무껍질입니다. 두꺼운 껍질은 곤충, 질병, 극한의 온도 변화, 화재로부터 나무를 보호합니다."

"위험으로부터 나무를 보호하기 위해 풋볼 경기에서 수비진이 방어하듯이 양 팔꿈치를 밖으로 내밀고, 두 주먹을 가슴에 붙여 양팔을 든 자세를 취합니다. (잠시 정지) 저기 나무에서 '붕' 하는 소리가 들립니까? (잠시 정지) 긴 더듬이 하늘소가 날아다니는 소리입니다. 하늘소는 몸이 크고 맹렬하여 늘 배가 고픕니다. 나는 하늘소가 나무를 먹으려 하는 것을 막으려고 합니다. 하지만 내가 실패한다면 나무를 보호하는 것은 나무껍질의 몫입니다."

안내인은 소리가 나는 곳으로 달려가 큰 나무 뒤에 숨어 하늘소로 분장하고 등장한다. 나뭇가지로 더듬이를 만들고 잔뜩 찌푸린 얼굴로 몹시 배고픈 듯이 주위를 두리번거리며 나무로 접근한다. 더듬이를 나무쪽으로 향하여 여러 방향에서 나무껍질을 뚫어 버리려고 시도한다. 나무껍질 역할을 맡은 사람들은 하늘소의 공격을 막기 위해 애쓴다.

안내인이 하늘소가 되어 나무 주위를 도는 동안, 동작과 소리로 나무 기관의 역할이 움직이도록 안내인은 큰소리로 지시한다. 순서대로 다음과 같은 지시를 3~4회 반복한다.

- 심재와 나무껍질에게 한 번만 지시한다. "심재는 우뚝 솟아 강하게 서 있고!", "나무껍질은 더 거칠게!"
- "뿌리는 물을 빨아들이고!"
- "잎은 양분을 만들고!"
- "변재는 물을 운반하고!"
- "체관부는 양분을 운반하고!"

두 번째부터 지시할 때는 기관의 이름을 생략하고 큰소리로 계속 지시한다. 놀이가 끝나면 나무의 구조가 멋있다는 사실에 모두가 손뼉을 칠 것이다. 뿌리 역할을 한 사람이 일어날 때 손을 뻗어 도와주는 것도 잊지 않도록 한다.

자연의 흐름

　　참가자는 이 활동에서 나비의 생활 주기, 계절의 변화, 빙하작용이나 태양계와 같은 자연 현상을 연기해 볼 것이다. 이 활동은 배운 것을 복습하고 체험하는 데 유용하다.

　　한 모둠이 알래스카의 해변에서 밀물과 썰물의 흐름을 놀이로 표현해 보기로 했다. 먼저 참가자들이 손을 잡고 초승달 모양을 만든다. 그리고 초승달에서 흩어져 둥근 보름달을 만든 후, 빛나는 보름달처럼 서로 등을 대고 서서 관중들을 바라본다.

　　모둠은 재빨리 한 줄로 정렬하여 밀물을 표현하기 위해 바닷가로 몰려간다. 따개비 역을 맡은 참가자 한 명이 넘실대며 밀려오는 파도 앞에 쭈그리고 앉아 솟아오르는 파도를 맞는다. 휴면상태에 있던 따개비가 그

생태 개념 배우기

- 낮, 밤/ 어디서나
- 12명 이상
- 7세 이상
- 없음

물 같은 돌기를 뻗치며 활기를 띤
다. 뒷걸음치면서 바다로 물이 빠
지는 흉내를 낸다. 모래톱에 드러
나 있던 따개비는 돌기를 접고 다시
휴면상태로 돌아간다.

　한 모둠에 12~18명이 적당하
다. 인원이 모자라면 연기하는데
약간 부족하고, 20명이 넘으면 몇
명이 남아 소외감을 느낄 수 있다.
큰 모둠을 몇 개의 작은 모둠으로
나누어 할 수도 있다. 모둠원에게
'자연의 흐름'을 보여 주고 선택하
게 한다.

　특별히 아이들 모둠은 자연의
흐름 과정을 잘 만들 수 있도록 도
우미가 필요하다. 성인 모둠일지라도 각 팀에 자연 흐름 과정의 원리를
설명해 줄 만한 지식이 있는 사람이 적어도 한 명 있어야 한다. 그러면
모둠이 전체적으로 어떻게 자연 현상을 묘사할지 도움을 받을 수 있다.

올빼미와 까마귀

이 놀이는 배운 것을 복습하기에 아주 좋다. 아이들 전체를 두 모둠으로 나누어 한 모둠을 '올빼미', 다른 모둠을 '까마귀' 라 한다. 1.5 미터 정도 사이를 두고 나란히 마주 보고 선다. 두 모둠 뒤에서 5미터 정도 떨어진 곳에 각각의 보금자리임을 표시하는 손수건을 놓아둔다.

안내인이 자연에 관해 이야기할 때, 만약 안내인의 말이 맞으면 올빼미는 까마귀가 까마귀의 보금자리에 도착하기 전에 쫓아가 잡는다. 만약 틀리면 까마귀가 올빼미를 쫓아가 잡는다. 잡힌 사람은 상대편의 모둠원이 된다. 시작하기 전에 쉬운 문제를 해봄으로써 도망가고 쫓아가는 시간이 얼마나 적절한지 파악한다.

아이들은 끊임없이 두 모둠을 오가므로 답이 맞거나 틀릴 때 헷갈리지 않고 도망갈 것인지, 쫓아갈 것인지 정확한 방향을 가르쳐 주는 것이 좋다.

혼란을 피하고 상황을 명확히 판단할 수 있도록 까마귀는 파란색, 올빼미는 빨간색 손수건을 놓아 각 보금자리를 확실히 표시한다. 그리고 참가자에게 파란색 손수건은 정답을 상징하고, 빨간색 손수건은 틀린 답이라고 말한다. 문제가 맞으면 올빼미는 까마귀를 잡으러

파란 손수건 쪽으로 달려가고, 문제가 틀리면 까마귀가 올빼미를 잡으러 빨간 손수건을 향해 달려간다. 보기 쉬운 자연물을 정해 '맞으면 숲으로, 틀리면 초원으로' 라고 하는 방법도 있다.

참가자의 나이나 경험을 충분히 고려해 쉽고 명확한 문제를 내는 배려심이 필요하다. 예를 들어 "태양은 동쪽에서 올라옵니다."라면 아이들은 동쪽 하늘에서 태양이 처음 보였다는 것인지(맞음) 해가 떴다는 것인지(틀림) 잘 모를 수 있다. 지구의 자전 때문에 그렇게 보이는 것뿐이므로 가장 좋은 문제는 쉽고 명확한 문제이다. 예를 들어 "새는 이빨이 있다.", "곤충은 6개의 다리와 세 부분의 몸으로 되어있다."

놀이를 시작하기 전에 몇 문제를 시범 삼아 해 보는 것이 좋다. 안내인은 참가자에게 실제로 도망가지는 않지만 달아날 방향을 지정한다. 참가자 전원이 '예, 아니요.' 문제로 쉽게 방향을 잡을 수 있을 때 시작한다.

박쥐와 나방

아이들은 〈박쥐와 나방〉 놀이를 아주 좋아한다. 이 놀이를 하면 아이들은 힘이 나서 놀이에 대한 기대감으로 열의가 가득하다.

박쥐는 약한 시력이 아닌 초음파로 날아다니는 곤충을 쫓는다. 이 놀이는 초음파탐지를 실험하여 원리를 배우며 자연도태, 먹이사슬 관계, 듣는 것의 중요함, 집중력 등을 기를 수 있다.

아이들과 지름 3~5미터의 원을 만든다. 3~5명의 아이가 원안에 들어가 나방 역할을 하고, 성인 한 사람이 박쥐 역할을 맡는다. 놀이를 재미있게 하려면 박쥐는 눈을 가리고 먹이를 잡기 위해 원 안에서 날아다닌다.

놀이가 시작되면 원 안에 나방과 눈을 가린 박쥐가
대기한다. 박쥐가 초음파 신호를 대신하여 "박쥐-박쥐-
박쥐"라는 소리를 내며 나방 잡을 준비를 한다.
박쥐의 초음파 발사에 나방은 바로 "나방!"이라고
답한다. 살아 있는 나방은 원 안에만 있어야 한다.
박쥐는 나방 소리가 들리는 쪽으로 쫓아가서
손으로 나방을 치면 잡을 수 있다. 모든 나방을
잡으면 이 놀이가 끝난다.

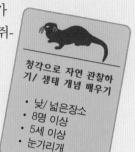

청각으로 자연 관찰하
기/ 생태 개념 배우기

• 낮/넓은장소
• 8명 이상
• 5세 이상
• 눈가리개

나머지 아이들은 둥글게 원을 만들어 박쥐와 나방을 안에 두고 동굴
벽 역할을 한다. 만약에 박쥐가 나방을 쉽게 잡지 못하면 안내인은 참가
자들에게 한 발씩 원 안쪽으로 들어가 약간 원을 좁히게 한다. 박쥐가 계
속 나방 잡는데 어려워하면 원의 크기를 조금씩 더 줄일 수 있다. 야생박
쥐는 먹잇감에 가까이 접근할수록 음파 탐지 능력을 높임으로 초음파 신

호를 자주 발사할 수 있다. 예를 들어 "박쥐~
박쥐~박쥐~" 대신에 "박쥐, 박쥐, 박쥐, 박
쥐, 박쥐."하고 빠르게 소리 낸다.

원을 만든 아이들이 박쥐가 나방을 잡
는 것을 보고 소리 지르며 너무 흥분하면 안
내인은 "조용히 하지 않으면 박쥐가 나방의
대답이나 발걸음 소리를 들을 수 없다."라고
얘기한다.

천적과 먹이

〈천적과 먹이〉는 긴장과 추격 같은
요소로 먹이사슬과 동물 행동을 배우고,
참가자의 집중력과 자제심을 기른다.

넓은 장소에 6미터 지름의 둥근 원을 만든다. 모둠원에게 포식자 동물의 이름과 그의 먹이인 3~4개의 동물 이름을 말하게 하고, 원하는 사람이 각 동물의 역할을 맡는다. 먹이 역할을 하는 아이들에게 종을 달아준다. 실제로 염소나 양 목에 거는 맑은소리를 내는 종이 좋다. 여러 종류의 종이 있다면 먹이 동물마다 각기 다른 소리가 나는 종을 달 수 있다. 나일론 줄이나 가죽끈으로 큰 종은 허벅지에 매달고, 작은 종은 신발끈이나 발목에 달아준다.

　　포식 동물은 눈을 가리고 각 동물의 종소리에 귀 기울인다. 포식 동물의 목표는 먹이 동물에 살살 접근하여 잡는 것이다. 먹이 동물은 이를 피해 도망 다닌다. 먹이 동물은 포식 동물에게 잡히지 않을 좋은 계책이 있다면 무엇이든 적용해 볼 수 있다.

　　둥근 원을 만든 참가자는 경계선에 서 있는 관리인과 같아서 원 밖으로 나가려는 모든 동물에게 "원!, 원!" 하고 속삭인다. (먹이 동물이 원 안에 그냥 서 있는 것은 괜찮다.) 포식 동물이 먹이 동물을 찾아낼 수 있도록 경계선의 관리인들은 모두 조용해야 한다. 〈박쥐와 나방〉처럼 포식 동물이 먹이 동물을 잡는데 곤란을 겪으면 원의 크기를 작게 한다. 아이들이 지루하지 않도록 침착하고 자신감과 힘이 넘치는 사람을 골라 먹이 동물의 역할을 시킨다.

적응, 먹이사슬, 포식 이해하기

- 낮/ 넓은장소
- 10명 이상
- 8세 이상
- 종, 눈가리개

생물 피라미드

〈생물 피라미드〉는 활동을 통해 생생한 경험을 함으로 먹이사슬과 환경 개념을 터득할 수 있다. 식물, 초식동물, 육식동물과 최상위 포식자의 이름 카드나 1. 식물 2. 초식동물 3. 육식동물 4. 최상위 포식자 (대형 육식동물)의 레벨 카드를 준비한다.

식물과 동물은 상호 연관된 공동체이므로 담수지, 습지나 바다 등의 서식지나 생태계에서 이름을 선택한다. 예를 들어 모둠 인원이 27명이라면 피라미드 맨 아래의 식물부터 맨 위의 최상위 포식자 (대형 육식동물)까지의 비율을 15:7:4:1로 한다. 자신만의 피라미드를 만들 수 있는 27개의 동식물 이름은 (92쪽)의 붙임 목록을 참조한다.

먼저 모든 참가자에게 카드 한 장씩을 나누어 준다. 1 단계의 카드(식물)를 가진 사람은 앞으로 나와 나머지 참가자를 향해 한 줄로 정렬한다. 안내인이 "여러분은 모두 식물입니까?"라고 질문하면 "예."라고 대답한다. 식물 역할을 하는 사람은 안내인을 바라보고 무릎 꿇고 앉는다.

다음에 초식동물이 앞으로 나오면 "여러분은 모두 초식동물입니까?"를 질문하고 "예."라고 대답한다. 그리고 식물 뒤에 선다. 육식동물도 같은 과정을 거쳐 초식동물 뒤에 나란히 선다.

이제 마지막으로 한 사람이 남아있다. 대형 육식동물인지 묻는다. 그에게 먹이사슬의 최상위 포식자임을 알려 주고 네 번째 줄에 서게 한다. 먹이사슬의 각 단계를 생태 단계라 부르고 이것을 설명

먹이사슬과 생물학적
농축 알기

- 낮/ 넓은장소
- 6명 이상
- 7세 이상
- 연필, 종이, 동식물 의 이름을 적은 카드

한다. 생물은 제1단계 먹이사슬에서 다음 단계로 올라갈 때 고작 10분의 1 정도가 살아남는다. 다시 말해 1킬로그램의 식물은 100그램의 초식동물을 살리고, 100그램의 초식동물은 10그램의 육식동물을, 10그램의 육식동물은 1그램의 대형 육식동물을 살게 한다.

무릎 꿇고 있는 식물들에게 묻는다. "만약 우리가 먹이사슬의 대표자로 인간 피라미드를 만든다면 당신 뒤에 있는 모든 동물을 먹여 살릴 수 있습니까?" "아니오~~~" "알겠습니다, 오늘 우리는 피라미드를 만들지 않을 테니 안심하세요!"

먹이사슬이 올라가면서 살충제가 어떻게 축적되는지를 보여 주기 위해 먹이사슬 그림을 사용한다. 살충제에 노출된 생명체의 몸속에 독성이 그대로 남아 상위 생명체가 이를 먹으면 동물 체내에 유독 물질이 들어가고, 같은 방법으로 그 위의 동물도 독성이 체내에 점점 축적된다.

첫 번째 줄의 식물 머리 위에 손수건을 올려놓으며 이렇게 말합니다. "벌레가 자꾸 식물을 먹어 대니 걱정되어 살충제를 뿌리기로 했습니다. 걱정하지 마세요. 생각보단 해롭지 않습니다! 이것은 적은 양의 유독 물질이 묻어 있다는 표시를 하기 위한 손수건입니다."

그리고 둘째 줄의 초식동물이 살충제에 노출된 식물을 먹었다는 뜻으로 식물에 올려놓았던 손수건을 모아 자기 머리 위에 올려놓는다. 셋째 줄의 육식동물도 초식동물의 손수건을 걷어 자기 머리 위에 올려놓는다. 마지막으로 최상위 포식자도 육식동물의 손수건을 모두 걷어 자기 머리 위에 쌓아 놓는다.

참가자에게 이렇게 말한다. "대머리독수리가 세 번째 줄의 모든 동물을 잡아먹습니다. 독수리 체내에는 먹이사슬 과정에서 축적된 독성이 그 대로 옮겨갑니다. 대머리독수리, 당신은 이런 독성 물질에 무릎 꿇고 굴복할 것입니까?"

먹이사슬단계가 위로 올라가면 갈수록 유독 물질은 동물의 체내에 고농도로 축적된다. 이 과정을 생물학적 농축이라고 부른다. 살충제나 제초제를 금지하면 매류나 갈색펠리컨 등의 최상위 포식자 개체 수가 증가한다.

이 놀이를 마무리하면서. "인간은 먹이사슬의 어디쯤 들어갈까요?" 라고 묻는다.

생물 피라미드를 위한 재미있는 동식물 이름

1. 식물
- 덩굴장미
- 노랑 물봉선화
- 고사리
- 쇠뜨기
- 금낭화
- 밤나무
- 잣나무
- 은단풍나무
- 소나무
- 층층나무
- 선인장
- 옻나무
- 참나무
- 사과나무
- 별꽃

2. 초식동물
- 나비
- 풍뎅이
- 소
- 다람쥐
- 나방
- 토끼
- 우렁이

3. 육식동물
- 두더지
- 뱀
- 족제비
- 딱따구리

4. 대형 육식동물
- 독수리

개 썰매

〈개 썰매〉는 어른과 청소년이 지도력과
협동심을 발휘하는데 안성맞춤인 놀이다.

개 썰매는 눈이 많은 지역에서 무거운 짐을 싣
고 달리는 데 탁월하다고 알려져 있다. 하지만 개 썰매가 모두 그런 것은
아니다. 어떤 개는 힘이 세지만 말을 잘 듣지 않고, 또 어떤 개는 말은 잘
들어도 자신감이 없다. 뛰어난 개 썰매의 비밀은 각자의 강점을 잘 이용
하는 것이다.

힘센 개 (strong dog)는 말을 잘 듣지 않지만 강인하므로 썰매 가까이
에 배치하여 힘든 일을 담당하게 하고 다른 개들을 따른다.

앞에 선 개는 팀 개(team dogs)로 다른 개들을 열심히 따라가며 썰매
를 움직이는 데 필요한 동력을 제공한다. 몇몇 개는 자기가 리더 개
(leader dog)라 생각하고 정신적인 도전을 즐긴다. 썰매 꾼(musher)은
개 썰매를 끌면서 돌발적 상황에서 순간적 결정이 필요할 때 리더 개에
의존한다. 리더 개는 모둠원 전원이 앞으로 신속하게 움직이기 위해 총
명함과 강인함을 겸비해야 한다.

하지만 리더 개는 방향을 담당하는 방향 개 (swing
dog)의 도움 없이 속도를 조절하거나 방향을 틀 수
없다. 방향 개는 리더 개 뒤에 바싹 붙어 달리며
빠른 속도를 유지하도록 도와주고, 필요할 때
팀의 방향을 돌릴 수 있게 도와준다.

협동과 지도력

- 낮과 밤/ 어디서나
- 8명 이상
- 13세 이상
- 5미터 밧줄, 겨울
  모자, 스카프, 바퀴
  달린 의자

　유능한 팀의 또 하나의 중요한 요소는 개 한 마리, 한 마리가 최선을 다해 참여하는 것이다. 힘센 개가 가끔 요령을 부리기도 하는데 이럴 때는 "이럇!" 소리로 느슨한 예인 줄을 잡아당기며 게으름을 추궁한다.

　사람도 유사한 점이 있다. 어떤 단체가 서로 도우며 일을 하는데 각기 다른 많은 역할이 있다. 각 역할은 일의 성공을 이끄는 데 중요하다. 리더는 각 사람의 강점을 존중해서 적재적소에 사람을 배치해야 한다. 그렇게 하면 개인은 자신의 장점을 극대화하여 감당한 무게를 충분히 수행할 수 있다. 누구나 리더를 할 수는 없지만, 개인은 모둠원을 위해 자기만의 특별한 것을 기꺼이 헌신할 수 있다.

놀이방법: 5미터 길이의 튼튼한 밧줄을 바퀴 달린 사무실용 의자에 묶는다. 의자는 썰매가 되고 밧줄은 썰매를 당기는 줄이다. (개가 썰매를 쉽게 끌도록 각 개 끈에 고리를 묶어 놓을 수도 있다.) 겨울 목도리와 모자를 쓴 썰매 꾼이 당김줄을 잡고 의자 등받이를 보고 앉는다.

　두 사람을 지명하여 힘센 개 역할을 맡겨 밧줄을 가운데 두고 썰매 앞에 양쪽으로 한 사람씩 세운다. 힘센 개는 힘은 세지만 말을 잘 듣지 않는다.

　두 사람을 더 선정하여 힘센 개 앞에 배치한다. 이들은 개 썰매의 팀 개로서 순종적이며 썰매에 동력을 제공한다.

　두 명의 방향 개를 선발하여 팀 개 앞에 둔다. 이들은 빠른 속도를 유지하고 팀이 방향을 바꿀 때 돕는다.

　마지막으로 리더 개가 될 한 사람을 고른다. 리더 개는 현명하여 남의 얘기에 귀 기울여 지시를 따르며 현명한 결정을 내린다. 리더 개는 달리면서 다른 개들이 서로 엉켜 넘어지지 않도록 빠른 속도로 달린다.

　모둠원은 자신에게 묻는다. "내가 썰매 개라면 나의 힘과 기질에 알맞은 곳은 어디일까?", "방향 개는 썰매 방향을 바꿀 때 빠른 속도를 유지해야 하는데 내가 그 역할을 잘할 수 있을까?"

　썰매 꾼이 개 썰매팀을 넓은 방이나 포장된 도로에서 끌며 이 놀이를 마무리한다.

썰매팀의 구성:
썰매 꾼
힘센 개
팀 개
방향 개
리더 개

동물 흉내 내기

〈동물 흉내 내기〉 활동은 모둠의 창작력을 촉진하고 아이들, 또는 가족이 함께하기에 좋은 놀이다.

4~5명이 한 모둠을 만들어 재미있는 동물이나 좋아하는 동물을 고른다. 그리고 자리를 옮겨 다른 모둠이 알 수 있게 선택한 동물의 각 신체 부위, 머리나 몸통, 팔다리 등의 움직임과 행동 등을 흉내 내는 연습을 한다. 동물의 독특한 울음소리보다 동물의 움직임과 행동을 연습하도록 격려한다. 각 모둠은 5~10분 정도 준비시간을 갖는다.

어떻게 동물의 신체 부분들을 표현할 수 있을까?. 한 사람씩 날개나 다리를 표현하도록 분담한다. 다른 사람은 꼬리를 흉내 낼 수 있다. 캥거루가 앞주머니에 어린 새끼를 품은 것이나 손과 나뭇가지로 수컷 사슴뿔 모양도 표현할 수 있다.

동물의 특징, 동작, 습성 알기

- 낮과 밤/ 어디서나
- 모둠별 3~6명
- 5세 이상
- 없음

모둠이 발표할 준비가 되었으면 무대로 나와 한 모둠씩 동물을 연기한다. 동물 연기가 완전히 끝난 후에 큰 소리로 그 동물이 무엇인지 말하기로 하고 연기가 끝날 때까지 조용히 기다린다.

여기 붙어라!

〈여기 붙어라!〉는 재미있고 창조적이어서 참가자가 몰두하고 열중하는 놀이다. 동물의 궁금한 점과 특징을 알아가면서 참가자 간의 서먹서먹한 분위기에서 빨리 벗어나 유대감을 갖게 한다.

우선 힌트 카드를 준비한다. 습지나 초원 같은 특별한 생태 환경에서 다양한 특징을 갖춘 5종류의 동물을 선택한다. 각 동물의 특징을 설명할 수 있는 6가지 힌트를 적어 넣는다. 모두 30장 정도의 카드를 준비한다.

다음은 동물의 특징을 설명하는 힌트의 예이다. 무슨 동물인지 알 수 있을까? (다음 페이지 아래에 답이 있다.)

- 나는 56킬로미터 떨어진 곳에서도 친구들의 소리를 듣고 얘기를 나눌 수 있습니다.
- 나는 머리 위에 난 두 개의 구멍으로 숨을 쉽니다.
- 새끼의 무게가 7톤이나 됩니다.
- 내 몸은 두꺼운 지방층으로 덮여 있습니다.
- 나는 매일 3톤가량의 크릴새우를 먹습니다.
- 나는 지구에서 존재하는 가장 큰 생명체입니다.

당신은 Sharing Nature Online Resources의 해양 동물 힌트를 이용하거나 스스로 힌트를 만들 수 있다. 30장의 카드에 힌트를 적는다. 참가자가

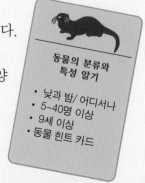

동물의 분류와 특성 알기

- 낮과 밤/ 어디서나
- 5~40명 이상
- 9세 이상
- 동물 힌트 카드

30명이 넘으면 그 이상의 동물을 선정한다.

놀이방법: 참가자는 한, 두 장의 힌트 카드를 받는다. 모둠은 5종류의 동물을 맞추기 위하여 함께 작업 하는데 각 동물의 6가지 힌트를 모두 수집해야 한다.

시작 신호가 나면 참가자는 즉시 자신의 카드에 적힌 내용을 읽고 동물 이름을 큰 소리로 말한다. 예를 들어 '나는 온혈동물이며 긴 꼬리에 다리가 네 개 있습니다.' 라고 쓰여 있다면 아마 참가자는 '다람쥐가 아닐까?' 라고 생각하고 "다람쥐! 다람쥐!"라고 외칠 것이다. 별로 호응을 얻지 못하고 있을 때, 다른 쪽에서 누군가가 "수달!" 이라고 소리치자 몇 명이 그쪽으로 달려간다. 다람쥐라고 생각한 참가자는 다시 정답을 생각해보고 수달이라 생각되면 '수달' 하고 외친 모둠으로 가서 수달 힌트 카드를 전부 수집하는 데 함께 참여한다.

좀 더 빠른 답을 알기 위해 카드를 모을 수 있게 리더를 선정해도 좋다. 안내인은 필요하다고 생각하면 도움을 줄 수도 있지만 될 수 있으면 참가자 스스로 해결하게 한다. 글씨를 못 읽는 어린이나 동물 지식이 별로 없는 아이를 위해서 쉬운 힌트를 주는 등으로 배려해야 한다.

모둠이 6개의 힌트를 모두 모으고 답이 맞는지 확인하도록 힌트 목록을 모둠에게 보여 준다. 동물을 확인하고 맞는 힌트 카드를 수집한 후에 각 모둠 참가자는 가장 재미있는 힌트 두 개를 골라 큰 소리로 읽는다.

(정답: 고래 또는 흰긴수염 고래) (참고: 앞 페이지 문제의 답입니다.)

〈여기 붙어라!〉의 자기만의 카드를 만드는 요령

• 다른 카드에 있는 동물과 확실히 구별되는 특별한 동물을 선택하는 것이 좋다.

• 예를 들어 곰과 뱀 힌트는 확실하게 구별하므로 혼동하지 않지만, 곰과 너구리 힌트는 아이들에게 혼란을 줄 수 있다. 정확히 구별되는 동물을 선택하면 카드에 설명을 쓰기도 쉽다.

• 어린아이에게는 동물 사진이나 그림으로 퍼즐용 조각을 만들어 〈여기 붙어라!〉놀이에 응용한다. 동물 한 마리마다 힌트 3개를 퍼즐용 조각으로 만든다. 예를 들면 오리 그림이라면 물갈퀴, 머리, 부리와 몸통을 오려낸다.

• 더욱 포괄적인 놀이방법은 4~5명의 한 모둠에게 30장의 힌트 카드를 주는 것이다. 참가자는 5종류의 동물과 정확한 힌트를 찾기 위해 함께 작업한다. 이런 방법으로 참가자 모두가 30개의 힌트를 집중적으로 읽고 토론할 수 있다.

• 참가자가 답을 확인할 수 있도록 각 모둠을 위해 동물 그림이나 힌트 목록을 엎어 놓는다.

동물 이름
알아 맞히기 릴레이

〈동물 이름 알아맞히기 릴레이〉는
〈여기 붙어라!〉 놀이와 비슷하지만, 릴레
이기 때문에 아이들이 시간 가는 것을 잊고 몰두할 만큼 좋아하는 놀이
이다. 절제되고 다루기 쉬운 방법으로 아이들의 흥미를 불러일으키는데
에도 좋은 놀이이다. 이 놀이는 열의를 일깨우고 협동심을 길러 준다. 자
연놀이를 처음 시작할 때나 점심 먹은 다음이나 늦은 오후 나른할 때도
아이들의 흥미를 일깨우기 위한 좋은 놀이이다. 이 놀이로 참가자는 힘이
넘치고, 다음 순서가 무엇일지 몹시 궁금해한다.

이 놀이도 〈여기 붙어라!〉 와 같이 30장의 카드를 준비한다. 하지만
〈동물 이름 알아맞히기 릴레이〉에서는 동물의 힌트를 모으거나 기억할
필요는 없이 5개의 다른 동물 이름만 찾으면 된다.

참가자를 세 사람씩 한 모둠으로 나누고 모둠별로 종이와 연필을 나
누어 준다. (재미를 더하기 위해 각 모둠은 자기 모둠의 동물 이름을 정
한다. 활동을 시작하기 전에 원을 그리며 돌다가 각 모둠은 자기의 모둠
동물 이름을 크게 불러 소개한다.)

원 가운데에 30장의 동물 힌트 카드를 앞면이 보이지 않도록 뒤집어
놓아둔다. 모둠은 힌트 카드에서 3미터가량 떨
어져 있어야 한다.

시작 신호와 함께 각 모둠에서 한 아이가 원
중앙에 있는 힌트 카드를 가져온다. (모둠으로

돌아올 때까지 카드를 보면 안 된다.) 모둠원 전체는 가져온 카드의 힌트를 읽고 그 동물이 무엇인지 추리한다. 어떤 동물인지 알았다면 종이에 이름을 적는다. 두 번째 아이가 그 카드를 다시 원 중앙에 갖다 놓고, 새 카드를 가져온다. 다섯 가지 동물을 모두 알아낼 때까지 놀이를 계속한다. 마침내 모둠이 다섯 가지 동물을 알아냈다면 다섯 동물 목록을 안내인한테 가져간다.

놀이가 신속하게 진행되도록 다음과 같이 해보자.

- 여덟 모둠 이하라면, 힌트 카드를 1장이 아닌 2장씩 가져오게 한다.
- 힌트 카드를 몇 장 모으면, 카드를 집어 오는 사람이 카드를 가져오기 전에 자기 모둠이 이미 본 것인지를 확인하게 한다.

〈동물 이름 알아맞히기 릴레이〉는 글을 읽지 못하는 아이가 있는 가족도 함께하기에 좋은 놀이다. 아이가 신이 나서 달려가 카드를 집어오면 어른은 이 모습을 보며 행복해한다. 어린 소년이 카드 한 장을 집어 오고, 엄마가 큰 소리로 힌트를 읽으면 모두 집중해 귀 기울여 동물의 정체를 추측하느라 여념이 없다.

노아의 방주

나른한 오후에는 참가자의 열의도 식기 쉽다. 이럴 때 〈노아의 방주〉는 참가자에게 다시 활기를 불어넣어 준다. 빠르고 간단한 이 놀이는 가라앉은 분위기를 바꾸어 열기를 북돋우고 몰두하게 하여 일시적인 근심, 걱정을 한 번에 날려 버린다.

참가자가 동물 이름을 받으면 짝을 찾기 위해 동물의 특별한 움직임이나 행동, 울음소리를 흉내를 낸다. 예를 들어 펭귄인 참가자는 모둠 속에 있는 짝을 찾기 위해 양손을 옆구리에 딱 붙이고, "꽥꽥" 소리를 내면서 뒤뚱뒤뚱 걷는다. 참가자가 처음 동물을 흉내 낼 때 주위를 의식하여 머뭇거리게 된다. 하지만 다른 참가자도 같은 상황임을 알고는 기꺼이 놀이 분위기에 빠져든다.

놀이방법: 놀이하기 전에 안내인은 미리 번호가 적힌 동물 목록을 준비한다. 우리에게 익숙한, 독특하고 재미있는 동물이 적당하다.

참가자에게 커다란 원을 만들게 한다. 참가자 수를 세어 짝을 만드는 데 몇 명이 필요할지를 파악한다. 그리고 반, 반씩 나눈다. 참가자의 수가 홀수라면 한 동물에 세 명을 지명한다.

동물 동작과 행동

- 낮과 밤/ 어디서나
- 6명 이상
- 5세 이상
- 동물목록

안내인은 번호가 적힌 동물 목록을 갖고 원 주위를 돌며 참가자 한 사람, 한 사람에게 동물 이름을 몰래 보여 준다. 예를 들어 참여자가 30명이라면 1번째 참가자부터 15번째 참가자까지 각각 다른 동물 이름을 하나씩 보여 주고, 16번째 참가자부터 30번째 참가자까지는 1번째와 같은 동물 이름을 순서대로 보여 준다. 그렇게 하면 17번째 참가자의 동물 이름과 2번째 참가자의 동물 이름과 같고, 18번째 참가자의 동물 이름은 3번째 참가자의 동물 이름과 같다. (같은 2장의 동물 카드를 만들어 하나씩 나누어 주어도 좋다.)

노아의 방주 이야기를 해준다. :

노아는 세계 최초의 자연 보호주의자였습니다. 큰 홍수가 나기 전에 노아는 자기가 만든 방주에 암수 한 마리씩 실었습니다. 오늘날 우리가 야생동물을 볼 수 있는 것은 그의 덕택입니다. 〈노아의 방주〉 놀이는 노아가 암수 한 마리씩을 방주에 실었던 것을 재현한 것입니다.

"동물들은 짝을 이루어 노아의 작업을 도울 수 있습니다. 다른 동물과 구별하기 위해 각 동물은 자기를 나타낼 수 있는 고유의 특성이나 행동, 울음소리를 연기합니다."

참가자는 원 바깥쪽을 보고 뒤돌아서서 눈을 감고, 자기가 표현해야 할 동물의 서식지에 있다고 상상한다. 그리고 천천히 몸을 움직이고 울음소리를 내면서 동물 흉내를 내기 시작한다.
이제 참가자가 준비됐다면 몸을 원 안쪽으로 돌리고 자기 짝을 찾는다.

동물들은 즉시 활기를 띠고 살아나서 "꽥꽥, 꽉꽉" 소리를 내고, 점프하거나 땅을 기면서 짝의 환심을 사려고 한다. 서로의 짝을 찾는 동안 여기저기에서 행복한 웃음소리가 터진다. 짝을 이룬 동물은 노아의 환영을 받으면서 방주로 들어간다.

동물이름 알아맞히기

사건과 추격이 있는 이 놀이는 참가자의 흥미를 일깨우고, 동물을 이해하고 알아가는 데 유익한 놀이다. 실내와 야외, 비오는 날에도 하기 좋은 놀이이다.

〈동물 이름 알아맞히기!〉를 하고 나면 아이들은 다음 놀이를 대비해 동식물 도감을 열심히 읽거나 온라인에서 관심이 있는 동물을 찾아본다.

참가자를 최대 8명의 두 모둠으로 나눈다. 각 모둠에 연필과 메모장을 주고 잘 아는 동물 하나를 정하게 한다. 하지만 모둠은 금방 적당한 동물 이름이 떠오르지 않을 수도 있다.

각 모둠은 6~8개 힌트를 적는다. 첫 번째 힌트는 일반적인 것이 좋다. 예를 들어 "나는 열대림에 삽니다." 혹은 "나는 무척추동물의 특징이 있습니다." 등이다.

마지막 힌트는 구체적이어서 상대 모둠이 어떤 동물인지 알 수 있는 것이 좋다. " 나는 작고 검은 몸을 갖고 있으며 털이 많은 꼬리와 등, 꼬리에 흰 줄무늬가 있습니다. 천적으로부터 공격을 피하기 위해 악취 나는 기름 같은 용액을 뿌릴 수 있습니다."

(15개 동물의 일반적인 힌트부터 구체적인 힌트까지의 예문은 221쪽에서 볼 수 있다.)

힌트는 동물에 대한 재미있는 사실을 알려준다. 점점 구체적인 힌트를 주고, 결정적 힌트는

동물 분류와 특성 알기
- 낮/ 넓은 장소, 도로
- 4~16명 이상
- 7세 이상
- 밧줄, 연필, 종이, 스카프 2장

마지막에 주는 방식이다.

놀이방법: 두 모둠 사이에 밧줄을 놓아두는데 답을 추측하는 모둠은 밧줄 가까이에 서게 하고, 힌트를 주는 상대 모둠은 60센티미터 정도 떨어져 있게 한다. 각 모둠 사이에 놓인 밧줄로부터 양쪽으로 3미터가량 떨어진 곳에 손수건을 놓아둔다. (참가자가 손수건을 손으로 치거나 밟고 서 있을 필요는 없다) 추격자에게 잡히지 않으려면 자신의 진영 표시인 손수건보다 멀리 도망가야 한다. 도망갈 때 주위에 위험한 물건이 없도록 한다.

한 사람을 지명해 힌트를 읽게 한다. 상대 모둠은 힌트를 잘 듣고 의논하여 "스톱"하고, 정답을 말할 한 번의 기회를 얻는다. 이 놀이가 재미있는 것은 상대 모둠이 정답을 말하면 힌트 읽은 사람이 "예!"하고 답할 때까지 힌트를 준 모둠의 누구도 자기 진영으로 돌아갈 수 없다는 것이다.

일단 한 모둠이 힌트를 읽는다. 만약 상대방 모둠이 틀리면 "아니오." 라고 대답한다. 이때는 아직 아무 일도 벌어지지 않지만, 힌트가 분명해질수록 긴장감이 높아져 모두 도망갈 준비를 한다.

술래를 피하고 싶은 마음과 설렘으로 힌트 읽은 사람이 "예!"라고 하기 전에 종종 뛰어나가기도 한다. ("예!", "아니요!" 를 자신 있게, 크게 외칠 수 있는 한 사람을 지정한다. 물론 "예!"라는 답이 나오기 전까지는 자기 진영으로 돌아갈 수 없다.)

놀이 규칙을 지키기 위해 마지막 힌트가 나오기 전에 먼저 달려가는 참가자에게 벌칙을 부과할 수 있다. 모둠 모두를 밧줄로 돌아가게 하고 문제를 말하는 운영자가 같은 힌트를 다시 읽어준다.

이번에는 먼저 달려나갔던 모둠원에게는 밧줄에 발을 올려놓은 상태로 다른 상대 모둠이 쉽게 터치할 기회를 준다. 참가자들은 쉽게 "예!" 대답을 기다리는 것을 배운다.
모둠 동물을 알아맞히고 나면 상대 모둠이 공격팀이 된다.

동물 이름 알아맞히기 2

아이들을 밧줄 한쪽으로 줄을 서게 하고 안내인은 반대쪽에 선다. 안내인이 힌트를 하나씩 읽어주면 아이들은 잘 듣고 추리해 본다. 추리한 답이 정확히 맞으면 안내인은 "예!"라고 소리치고 자기 진영으로 도망간다. 안내인이 진영에 도착하기 전에 아이들이 쫓아가 터치하면 잡힌 것이 된다. 새로운 버전으로 안내인을 추격하는 아이들은 매우 신나서 이 활동에 몰두한다.

주의를 집중하게
하는 활동

이 놀이는
우리의 자연 관찰력을
증진 시킨다.

유명한 식물학자인 조지 워싱턴 카버 George Washington Carver는 어린 시절에 예민한 자연 관찰자였다. 식물의 어디에 문제가 있는지 알아내고, 처방을 내리는 뛰어난 능력 때문에 마을에서 식물 의사로 알려졌다. 사람들은 그가 학교 교육을 전혀 받지 못했음에도 박학다식한 '해방된 흑인 노예' 라는 사실에 모두 놀랐다.

　어린 조지 카버의 재능은 매우 간단했다. 식물과의 친밀함으로 사람들이 놀라워할 때 그는 이렇게 말하곤 했다. "사람들은 꽃을 그냥 보지만 나처럼 보지 않습니다." 그는 식물을 주의 깊게 관찰하여 식물이 필요한 것이 무엇인지 정확히 알 수 있었다.

왜 그러지... 왜 그럴까?

아직도 알 수 없는 것을 찾아 시골길을 헤맨다.
왜 산꼭대기에 조개껍데기가 있을까?
왜 천둥은 번개보다 오래 계속될까?
왜 물 위에 돌을 던지면 동그라미가 생길까?
어떻게 새는 하늘을 날 수 있을까?

- 레오나르도 다빈치

자연에 대한 흥미는 호기심을 불러일으켜 새로운 세계, 지식, 기회의 길로 우리를 인도한다. 어린 시절의 호기심과 경이감은 평생 장려해야 할 덕목이다. 호기심과 열정은 창의력과 생각의 혁신을 촉진한다. 무언가 궁금하면 새로운 시각으로 사물을 보게 되고 생명의 미묘한 차이를 알게 된다. 기존의 판단이나 선입견을 잠시 접어두고, 현재 있는 그대로의 사물을 보면 참모습을 볼 수 있다. 익숙했던 모습에서 낯선 차이를 발견한다.

놀이방법: 산과 들로 나가 궁금한 것을 찾아 적는다. "어떤 곤충들은 왜 투명한 날개를 가졌을까?", "이 소나무는 왜 이렇게 큰 솔방울이 달리는가?" 등과 같은 질문을 자신에게 해본다. 그리고 자연물을 잘 관찰하고, 이 질문에 대한 몇 가지 가능한 답을 생각해본다.

질문에 대한 추측이 맞았는지는 중요하지 않다. 뭔가 궁금한 순간, 당신은 그 사물과 긴밀한 친근감을 느끼게 된다. 상상의 나래를 마음껏 펼치고 즐기며 찾아보라. 얼마나 다양한 대답을 할 수 있는지 알게 될 것이다.

자연의 경이로운 현상 관찰

• 낮/어디서나
• 2명 이상
• 5세 이상
• 필기구/메모지

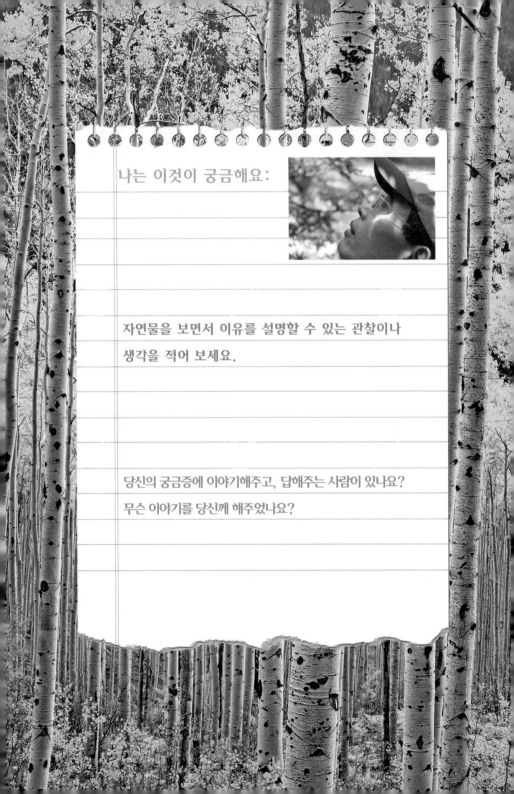

나는 이것이 궁금해요:

자연물을 보면서 이유를 설명할 수 있는 관찰이나

생각을 적어 보세요.

당신의 궁금증에 이야기해주고, 답해주는 사람이 있나요?

무슨 이야기를 당신께 해주었나요?

소리와 색깔

　　내 친구 레니타가 〈소리 듣기〉 놀이에 관한 흥미로운 이야기를 내게 들려주었다. 그녀의 할머니 이름은 메리이며 73세의 리투아니아 출신이다. 메리는 알츠하이머 환자로 늘 근심, 걱정이 가득하다. 자연에서 가벼운 산책을 하지만, 그녀의 불안한 마음을 가라앉힐 만한 특별한 활동을 찾기가 쉽지 않았다. 레니타가 할머니를 방문하여 할머니를 뒷마당으로 모시고 나갔다. 그녀는 간단한 〈소리 듣기〉 놀이를 염두에 두고 할머니에게 눈을 감고 주위 소리에 귀를 기울이게 했다. 그리고 할머니에게 물었다. "할머니, 지금 몇 가지 소리가 들려요?"

　　할머니는 8분 동안 주위 소리에 집중하며 소리가 들릴 때마다 손가락을 하나씩 펴나갔다. 잠시 후, 할머니는 눈을 뜨고 들리는 소리를 하나씩 말해 주었다. 새, 자동차, 사람들의 이야기, 나뭇잎에 스치는 바람, 레니타의 숨소리 그리고 곤충이 내는 소리였다.

　　〈소리 듣기〉를 한 후에 할머니는 놀랍게도 다른 사람이 되어있었다. 평온함을 되찾고 의식이 명료해졌으며 환희로 얼굴이 빛났다. 한 시간가량 이러한 평온이 지속됐다. "새로운 감각으로 사물을 새롭게 인식하는 것은 영감을 얻는 것과 같습니다. 매 순간이 기적의 순간입니다."- (소로우 Thoreau) 〈소리 듣기〉는 어른과 아이가 직접 자연 세계와 관계를 맺는 간단한 활동이다.

소리 듣기

소년은 왜 조용히 앉아 뭔가에 몰두하고 있을까? 그는 주위 소리를 집중해서 듣고 있다. 숲에서 새가 지저귀는 소리, 호박벌이 웅-웅- 거리는 소리, 바람에 쓸리는 마른 풀 소리, 소리가 들릴 때마다 소년은 손가락으로 소리 나는 방향을 가리킨다.

아이들을 모둠별로 앉게 한 뒤, 두 팔의 팔꿈치를 구부린 상태에서 주먹을 쥐고 어깨높이쯤 올리게 한다. 새로운 소리가 들릴 때마다 손가락을 하나씩 펴서 숫자를 센다. "10가지의 다른 소리를 들을 수 있을까요?"라고 물으며 격려한다. 눈을 감으면 집중력이 더 좋아질 수 있다.

청각을 이용한
자연관찰

• 낮/어디서나
• 1명 이상
• 3세 이상
• 없음

소음이 있는 자연공원이라면 자연의 소리만 듣게 한다.

색깔 찾기

〈색깔 찾기〉는 아이들이 서 있는 한 장소에서 그림자나 다양한 색깔을 어떻게 보게 할지를 새롭게 알려준다. 다음과 같은 질문을 해보자. "여러 종류의 초록색을 찾아보세요. 몇 가지나 볼 수 있나요?" 아이들이 대답하면 다음과 같은 설명을 해준다. "초록은 자연의 인기 있는 색깔 중 하나입니다. 대부분 식물은 태양으로부터 에너지를 흡수하는 엽록소 때문에 초록색을 띕니다. 잎에 있는 색소의 양에 따라 다양한 초록색이 됩니다." (식물은 또한, 자기 색깔에 영향을 주는 다른 색소도 가지고 있다.)

당신은 바다가 보이는 기슭에 서서 "도대체 저 아래 바닷속에는 얼마나 많은 색깔이 있는 것일까?"라고 질문할 수 있다. 빛은 색상에 변화를 준다. 우리는 매일 24시간마다 칠흑 같은 어둠에서 한낮 빛의 축제로 시시각각 변하는 것을 목격한다. 그랜드캐니언은 순간순간 변하는 빛의 색깔 때문에 바위가 살아 있는 것처럼 보인다. 아이에게 자연 현상을 관찰하고, 빛의 변화로 색깔과 분위기가 어떻게 달라지는지를 관찰하게 한다.

놀이방법: 아이들에게 색종이 한, 두 장을 나누어 주거나 아이가 입은 옷의 색깔 중에 한두 가지를 선택해 그와 비슷한 색을 자연에서 찾게 한다. 5분 정도의 산책을 하고 함께 모여 비슷한 색깔의 자연물을 몇 가지 찾았는지 물어본다.

시각을 이용한 자연관찰

- 낮/어디서나
- 1명 이상
- 4세 이상
- 없음

색상 팔레트: 참가자가 찾거나 수집해온 자연물을 색의 채도에 따라 나열해서 색상표를 만들어 본다. 자연물을 자세히 보면 모양의 크기와 형태가 다름을 알 수 있다. 이것들을 사용해 구성하면 아름다운 팔레트, 만다라 등을 만들 수 있다.

나는 보인다.

〈나는 보인다.〉는 나이와 관계없이 모든 참가자가 주위 환경에 좀 더 관심을 갖고 몰두하게 한다. 몇 분 동안 하는 간단한 놀이지만 눈앞에 보이는 지금, 이 순간에 집중하게 한다. 곧 다가올 학기말 시험의 중압감에 눌린 듀크 대학 여학생이 노스캐롤라이나 워크숍에서 〈나는 보인다.〉 놀이에 참여한 후 이렇게 말했다. "나는 즉시 주위 환경을 인식할 수 있었습니다. 가까이 나무가 보이고 숲에서 여러 가지 소리가 들렸습니다. 나는 시험은 완전히 잊어버리고 덜 걱정하게 되었습니다. 근심도 사라졌습니다."

소로우는 말했다. "기적은 매 순간 일어난다." 이 단순한 활동으로 우리는 두 발을 땅에 딛고 지금, 여기에서 생명의 아름다움과 풍요로움을 발견할 수 있다.

놀이방법: 두 명의 참가자가 한 모둠이 된다. 각 모둠은 자연의 아름다운 장소를 찾아서 한 사람은 앉고, 다른 사람은 그 뒤에 선다. 뒤에 선 사람은 '질문자'이고, 앉아 있는 사람은 '응답자'의 역할을 한다.

> 생명에 대한
> 인식, 관심
>
> • 낮/어디서나
> • 3명 이상
> • 10세 이상
> • 없음

질문자가 "나는 보인다."라고 하면 응답자는 가장 먼저 보이는 것, 예를 들면 "커다란 나무"라고 말한다. 아래 예문과 같이 질문자가 반복해서 질문하면 응답자는 질문받을 때마다 자연을 관찰하면서 대답한다.

질문자: "나는 들립니다."

응답자: "딱따구리가 나무 쪼는 소리가…."

질문자: "나는 냄새를 맡습니다."

응답자: "숲에 핀 꽃의 향기를…."

질문자: "나는 느낍니다."

응답자: "숲의 고요함을…."

질문자는 같은 질문을 여러 번 반복해 질문해도 괜찮다. 두 사람이 충분하게 질문과 대답을 주고받았다면 (3분 정도) 장소와 역할을 바꾸어 활동해 보자.

이 놀이를 심화한 활동이 〈나는 산이다.〉이다. 〈나는 산이다.〉는 내 책 『나를 품은 하늘과 땅 The Sky and Earth Touched me』에서 볼 수 있다.

아이들과 <나는 보인다.> 놀이하기

안내인은 아이들을 한 줄로 앉게 한다. 그리고 왼쪽 아이부터 다양한 구성으로 한 구절씩 질문한다. 예를 들어 첫 아이에게 "나는 보인다."라고 하면 두 번째 아이에게는 "나는 들린다." 와 같이 다른 구절로 질문한다. 아이들이 3~4번 대답할 때까지 순서대로 계속한다. 아이들은 듣고, 냄새 맡고, 느끼는 문장에 대답할 기회를 얻는다.

얼마나 가까이

자연주의자 에노스 밀스 Enos Mills는
콜로라도의 3,657미터 높이의 콘티넨털
대분수령 Continental Divide에 서 있었다. 눈을 보호하기 위해 착용했던
선글라스를 잃어버려 흰 눈에서 반사된 강렬한 햇빛으로 눈이 멀게 되었
다. 햇빛으로 화상 입은 눈은 부셔서 뜰 수가 없었다.

그는 실명한 채 아무도 없는 로키산 정상에 있었다. 사람이 사는 가장
가까운 마을이 수 킬로미터나 떨어져 있었다. 하지만 그는 조심하면서
조금씩 움직여 이동해야 했다. 자칫 발을 헛디뎌 가파른 계곡이나 절벽
으로 떨어지지 않으려 발밑에 걸리는 것들을 더듬거리며 앞으로 나아갔
다. 도와 달라고 소리쳐 봤지만 아무 소용이 없었다. 그러나 그는 소리칠
때마다 돌아오는 메아리 소리의 방향이나 강도에 귀 기울였다. 그는 자
신이 숲이 우거진 계곡 깊이 내려가고 있다는 생각을 하였다.

사람을 만나기 위한 가장 좋은 방법은 동쪽으로 가는 것이다. 그는 동
쪽으로 제대로 가고 있는지를 확인하기 위해 골짜기 위로 올라와 오른쪽
나무를 만져 보았다. 북쪽 경사면에 서식하는 엔겔만 가문비나무였다.
다시 확인하기 위해 골짜기의 왼쪽으로 올라가니 목재용으로 많이 쓰이
는 소나무가 자생하고 있었다. 소나무는 남쪽 경사면에 서식한다. 그 순
간 밀스는 자신이 동쪽으로 가고 있다는 것을 알 수 있었다.

조심스럽게 걸으며 추운 밤을 보내자 새
벽 무렵엔 따스한 햇볕을 느꼈다. 실명으로
보이지 않았지만, 주위 사물을 파악하는데
나머지 감각들이 더 많은 정보를 제공하였
다. 쩍쩍거리는 새 소리와 눈 위로 떨어지는

고드름의 둔탁한 소리가 들렸다. 머리 위로 구름이 지나갈 때는 구름이 따스한 햇볕을 얼마 동안 가리는가를 감지하여 그 크기를 알 수 있었다. 그는 계속 공기의 변화에 주목하였다. 어느 순간, 나무 연기 냄새가 났는데 갑작스러운 바람으로 냄새의 방향이 사라지고 말았다. 그 날 오후 늦게, 그는 말과 소를 가두는 오래된 울타리 냄새를 맡을 수 있었다. 울타리 옆에는 오두막집이 있었다. 힘든 이틀간의 밤낮을 보낸 후라 너무 지친 나머지, 그는 오두막 마루에 주저앉아 잠이 들고 말았다. 잠에서 깨어나자 너무 추워서 그의 사지가 떨렸고 한 시간이 지나서야 겨우 걸을 수 있었다. 마침내 그는 길을 찾았고 보통 걸음으로 걸을 수 있었다. 얼마 안 가서 사시나무 태울 때 나는 톡 쏘는 냄새를 맡고 인가가 가깝다는 것을 알 수 있었다. 그는 잠시 가던 걸음을 멈추고 귀를 기울였다. 그러자 한 어린 소녀가 그에게 다정히 묻는 소리가 들렸다. "밀스 아저씨, 오늘 밤 우리 집에 머무를 거예요?"*

얼마나 가까이?

야외에서 산책할 때, 우리는 주위 환경에 종종 관심을 기울이지 않을 때가 있다.
〈얼마나 가까이〉를 통해 참가자는 인상적인 방법으로 주위 사물의 중요성을 경험한다. 참가자는 바람의 방향, 경사면, 해의 위치, 미기후(微氣候: 주변 다른 지역과는 다른 특정하게 좁은 지역의 기후), 자극적인 냄새, 짝을 찾는 새의 울음소리 등 자연의 소리에 세심한 주의를 기울이는 방법을 배운다. 〈얼마나 가까이?〉 활동은 참가자에게 뛰어난 자연 관찰자뿐 아니라 사람의 생명을 구하는 일에 도움을 줄 수 있다. 등산객은 우거진 숲이나 낯선 지형에서 길을 잃거나 잠시 방향 감각을 잃고 헤매기 쉽다. 짙은 안개, 눈보라나 희미한 빛 때문에 갈 방향을 잃기도 한다.

생명에 대한 인식,
오리엔티어링

• 낮/ 확 트인 공터
• 3명 이상
• 8세 이상
• 손가건, 눈가리개

* A rewritten account of "Snow-Blinded on the Summit" from Adventure of a Nature Guided by Enos Mills (1870-1922)

〈얼마나 가까이?〉는 눈을 가린 참가자가 목초지나 들판에서 촉각, 청각과 후각 등을 사용해 안전한 길의 단서를 찾는 놀이다.

놀이방법: 안전하게 걸을 수 있는 넓은 목초지나 잔디밭으로 나간다. 가능하면 작은 언덕이나 경사면, 다양한 풍광이 있는 곳을 찾는다. 두 사람을 한 모둠으로 만들고 한 사람은 안내인, 다른 사람은 등산객이 된다. 등산객은 눈을 가리거나 감는다.

안내인은 참가자를 한 줄로 세우고 들판을 가로질러 67걸음(약 50미터) 정도 걸어가 앞에 선다. 안내인이 준비되면 모둠에게 손수건이나 깃발을 흔든다. 모든 등산객은 안내인의 위치를 보고 눈을 감거나 가리개로 눈을 가린다. 눈을 가린 등산객은 되도록 똑바로 걸어서 안내인 가까이 걸어간다. 안내인은 등산객이 위험한 장애물로 가지 않도록 돕는 일 외에 영향을 끼칠만한 일은 하지 않는다. 안내인 앞에 가까이 왔을 때 등산객의 어깨를 두드려 '멈추세요.' 라는 신호를 준다. 안내인은 등산객이 다가오면 양팔을 벌려 가상 라인을 만들어 등산객이 목표 지점에 도달했음을 알려준다.

첫 모둠이 출발하기 전에 이렇게 묻는다. "어떤 자연 현상이 (바람, 해, 경사면, 새 소리) 똑바로 걷는 데 도움을 줄까요?"

놀이를 마친 참가자는 아직 걷고 있는 참가자에게 방해가 되지 않도록 조용히 한다. 〈얼마나 가까이?〉 참가자는 직선으로 걷는 것이 얼마나 어려운가를 알고 깜짝 놀란다. 길을 벗어나지 않고 곧장 걷기는 쉽지 않다. 활동이 끝난 후, 참가자는 더욱 겸손해지고 관찰력도 높아져 오리엔티어링(지도와 나침판으로 목적지를 찾아가는 경기) 기량을 배우고자 하는 열의가 가득했다.

얼마나 벗어났나요?

등산객이 가상 라인(안내인이 서 있는 도착 예정 지점)에서 1킬로미터 정도를 더 걸었다면 가상 라인에서 얼마나 벗어났는지 계산해보는 것은 도움이 될 만하다. 1킬로미터를 계속 걸어갔다면 참가자는 직선으로 갔는지, 도착 예정 지점에서 얼마나 벗어났는지 알고 싶어 한다. 많은 사람이 가상 라인에서 무려 8킬로미터나 벗어나 있었다.

50미터가 몇 걸음쯤인지 알려면 안내인의 보폭 길이를 재보아야 한다. 예를 들어 나의 보폭이 80센티미터라면, 다음과 같이 계산해 볼 수 있다.

- 1킬로미터는 1,000미터이고 이는 100,000센티 미터와 같다.
- 위와 같이 보면, 50미터는 5,000센티 미터와 같으며
- 이를 80센티미터의 보폭으로 나누면 62.5걸음이 나오게 된다.

모든 참가자가 상상의 선에 다다르면 눈가리개를 풀고 80센티미터의 보폭으로 50미터가 몇 걸음 되는지 세면서 안내인 쪽으로 다시 걸어가본다. 보폭 수를 100,000센티미터로 나누어 센티미터의 단위를 킬로미터로 변환한다. 그리고 이 변환된 킬로미터가 자신이 안내인에게서 떨어져 있는 거리가 된다.

예를 들어, 당신이 안내인으로부터 20걸음을 걸어왔다면, 그 20걸음에 자신의 보폭(80센티미터라고 가정)을 곱하고 100,000으로 나누어보자. 이렇게 계산된 값이 자신이 현재 안내자에게서 떨어진 거리(킬로미터 단위)이다.

소리 지도

딱따구리가 나무 쪼는 소리, 나무 사이로 세찬 바람 소리, 개똥지빠귀가 지저귀는 소리, 가파른 바위에서 폭포처럼 물 떨어지는 소리.

자연의 합창 소리는 〈소리 지도〉를 체험하는 사람의 가슴을 설레게 하고 즐겁게 한다. 특히 아이는 이런 소리 듣기를 대단히 좋아하기 때문에 〈소리 지도〉를 할 때면 조용히 앉아 놀랄 만큼 열중한다.

16절지 종이 한 장을 참가자에게 보여 주고 설명하면서 놀이를 시작한다. 한가운데 X 표시가 되어있는 종이가 지도이며 X 표시는 참가자가 앉아 있는 장소임을 설명한다. 참가자는 앉아서 무언가 소리를 들으면 지도에 그 소리를 표현하고 싶은 기호로 표시하되 소리의 방향과 거리도 정확히 표시한다. 소리 표현은 글자를 사용할 수 없고, 동식물도 직접 그릴 수도 없으며 기호로만 표시하는데 소리를 상징하는 두서너 개의 선 등으로 나타내야 한다. 예를 들어서 바람 소리는 두 겹의 물결로, 새 소리는 음표로 적는다. 그러나 지도 그리기로 시간을 빼앗기기보다는 소리 듣기에 관심을 기울이는 것이 중요하다.

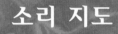

소리를 듣는 동안 눈을 감는다. 손을 모아 귀에 대면 여우의 예민한 귀처럼 소리 모으기가 쉽다. 귀에 손을 모으면 소리가 뒤쪽에서 들려도 뒤로 고개를 돌리지 않아도 된다.

다양한 소리가 들리는 곳을 선택한다. 초원이나 시냇가, 숲 등이 적합하다. 참가자가 장소

를 정하도록 1~2분 정도의 시간을 준다. 장소를 정하면 놀이가 끝날 때까지 자리를 바꿀 수 없음을 이야기한다.

놀이 시간은 참가자의 나이나 집중력, 다양한 소리가 나는 환경에 따라 달라진다. 4분~10분 사이가 적당하다. 놀이 후에 참가자가 모여 각자의 소리 지도를 보면서 이야기하는 시간을 갖는다.

참가자가 소리 지도를 그린 후에 함께 이야기를 마치면 이러한 질문을 해 보자.
• 가장 친숙한 소리가 무엇이었나요?
• 지금까지 들어보지 못한 소리를 처음 들은 사람이 있나요? 그 소리가 어디에서 들려왔나요?
• 가장 기분 좋은 소리는 무엇이었나요? 이유가 뭔가요?

조용히 앉아 나무 흔들리는 소리, 새 소리, 바스락거리는 풀 소리를 듣고 있으면 마음이 가라앉아 우리 주위의 생명체에 깊은 공감을 갖게 된다. 〈소리 지도〉는 주변 자연환경에 대하여 큰 자각을 일깨우는데 뛰어난 활동이다.

"지구는 가장 장엄한 악기이다.
나는 그 선율을 즐기는 청중이다."

〈소로우〉

카무플라주

　〈카무플라주〉는 내가 좋아하는 활동이다. 눈에 잘 띄지 않는 곳에 숨겨진 물건을 찾기 위해 아이, 어른 모두가 열의에 가득 차서 놀이에 집중한다. 안내인은 15미터~20미터 길이의 산책로 구간에 16~24개의 인공물을 나무나 풀 속, 땅에 숨겨 놓는다. 참가자는 숨겨진 물건을 가능한 한 많이 찾아야 한다. 안내인은 "이 놀이는 모둠 활동이 아니라 개인별 놀이입니다."라고 참가자에게 알려 준다.

　〈카무플라주〉의 시작 신호가 울리면 참가자는 나무 빨래집게, 녹슨 못, 10원짜리 갈색 동전 등의 물건을 찾기 위해 날카로운 눈매로 집중한다. 놀이를 마친 후에 10살 소년이 "4미터 떨어진 곳에서 눈을 껌벅이는 도마뱀을 보았어요!"라고 말할 만큼 아이들은 이 놀이를 하면서 사물 관찰 능력을 키운다. 안내인은 플라스틱 야광 곤충 모형같이 눈에 확실히 띄는 물건과 그렇지 않은 인공물들을 섞어 놓는다. 어린아이가 이 놀이를 할 때는 크기가 크고 쉽게 찾을 수 있는 것이 좋다.

　산책로 길이는 15~20미터로 흙으로 되어있고 덤불이 없는 곳이 좋다. 작은 나무와 큰 나무, 여러 종류의 나뭇잎과 식물, 고목 등이 있는 숲이라면 더할 나위 없이 좋다. 산책로의 폭과 길이는 두 사람이 여유 있게 걷는 정도면 된다. 참가자가 정해진 산책로와 숨긴 물건에서 이탈하지 않도록 밧줄로 산책로를 표시한다. 다양한 물건을 놓으려면 밧줄의 높이와 떨어진 거리를 다르게 하여 인공물을 여기저기에 놓는다. 밧줄에서 1.2미터 이상은 벗어나지 않는다.

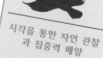

시각을 통한 자연 관찰과 집중력 배양

- 낮/ 숲, 덤불이 우거진
- 1명~30명 이상
- 5세 이상
- 인공물, 20미터 길이의 밧줄

안내인은 참가자에게 "조심스럽게 걸으면서 눈에 보이는 인공물 개수를 세어보세요. 물건은 찾기만 하고 기억할 필요는 없습니다."라고 말한다. 긴장감을 높이기 위해 물건이 얼마나 숨겨져 있는지는 비밀로 한다. 도착점에 이른 참가자는 산책로에서 찾은 물건의 개수를 안내인에게 알려 준다. 안내인은 "잘했어요. 총 개수에서 삼 분의 일이나 찾았네요!" 또는 "정말 잘했어요! 모두 4개에서 3개나 찾았어요!"하고 응답해 준다.

참가자는 숨겨진 물건을 모두 찾아내고자 하는 열망이 있으므로 다시 한번 산책로를 걷게 하고, 끝나면 모두 출발점에 모인다. 참가자를 안내인과 거리를 조금 두고 따라오게 하여 지나갈 때마다 숨겨둔 물건이 무엇인지 소리치게 한다. 또는 안내인이 물건을 가방에 넣을 때 물건의 개수를 셀 한 사람을 정한다.

나는 고학년 아이나 성인의 열의와 흥미가 지속되도록 한두 개의 물건을 더 감쪽같이 숨겨 놓는다. 손바닥 크기의 캠핑용 손거울을 자주 사용한다. 땅을 향하게 거울을 놓아 숲에 떨어진 쓰레기를 비추게 한다. 작은 나뭇가지에 거울을 걸어 놓으면 쉽게 찾기가 어렵다. 참가자가 많으면 모두 참여할 수 있도록 몇 명은 출발 지점에서 시작해 끝까지 가고, 나머지는 중간 지점에서 시작해 끝까지 갔다가 다시 처음 지점으로 돌아와 중간 지점에서 끝내는 방법을 고려해본다.

놀이의 마지막 부분에 동식물의 환경적응이나 위장술에 관한 이야기를 나눈다. 적으로부터 몸을 보호하기 위해 보호색을 띠는 동물을 찾아보게 한다.

동물이 되었어요!

한 아이가 40명의 관객 앞에서 웅크리고 앉아 하품을 크게 하더니 왼손을 입 가까이에서 오그리고 손등을 핥으며 부드럽게 자기 뺨을 닦는다. 우리는 그것이 고양이의 한 종류라는 것을 즉시 알 수 있었다. 아이는 몸을 긴장한 채 엎드려 기어가다가 보이지 않는 먹이에 달려든다. 우리가 "표범"이라고 말하자 주위에서 폭소와 갈채가 터져 나왔다. 〈동물이 되었어요!〉는 동물과의 친근감을 높이는 아주 재미있는 놀이다. 하는 방법은 두 가지이다. 첫째는 자연 활동이 처음이라면 동물 그림을 사용하면 좋다. 두 번째는 더 진지하고 깊이가 있는 방법으로 살아 있는 동물을 관찰하여 공감을 불러일으키게 하는 방법이다.

야생동물의 삶 관찰하기, 동물 행동 흉내 내기, 감정이입

- 낮, 밤/어디서나
- 6명 이상
- 5세 이상
- 동물카드

<동물이 되었어요!>의 첫 번째 방법: 10명 이하의 모둠

동물 그림카드를 바닥에 엎어 놓으면 참가자는 카드를 한 장씩 집어 다른 사람에게 보여 주지 않는다. 잠깐 각자 흩어져 카드의 동물 행동이나 움직임을 연습해 본다. 차례대로 한 사람씩 앞으로 나와 카드의 동물 특징을 몸짓으로 표현한다.

인원이 많을 경우:

인원이 많으면 6~8명을 한 모둠으로 만들어 한 모둠씩 역할 연기를 한다. 땅 위에 펼쳐놓은 동물 그림카드나 사진 가운데 표현을 잘할 수 있는 동물을 선택한다. 연기하는 모둠은 우선 마음속에 그 동물을 떠올리고, 동물의 특징을 잘 나타내는 몸짓을 하고 멈춘다. 6초간 멈추었다가 동물 흉내 내며 돌아다닌다. 하지만 동물 울음이나 지저귀는 소리는 낼 수 없다. 보고 있는 모둠은 그 모습을 보고 연기자가 흉내를 마칠 때까지 동물 이름을 말하지 않는다.

동물 연기를 마칠 때까지 동물 이름을 말할 수 없다고 안내인이 이야기해도 참가자가 기다리기 힘들면 안내인이 손을 흔들 때 말해도 좋다고 알려준다. 무슨 동물인지 알아내지 못하면 안내인은 힌트를 줄 수 있지만, 연기자 대부분은 깜짝 놀랄 만큼 흉내를 잘 낸다. 아주 작은 동작만으로도 무슨 동물인지 금방 알아맞힌다. 연기가 필요한 놀이를 할 때는 자기 자리에서 연기하는 것보다 무대를 만들어 연기하면 더 재미있다. 참가자가 연기하기 전에 안내인은 카드를 받아서 어떤 동물을 연기하는지 알아야 한다. 필요하다면 관객에게 힌트를 주어도 된다. 동물 몸의 특징이나 움직임을 잘 알고, 구별하기 쉬운 동물을 선택하도록 한다. 곰, 박쥐, 펭귄, 고릴라, 거북이, 올빼미, 표범, 백로, 원숭이 등은 늘 인기 많은 동물이다.

<동물이 되었어요!>의 두 번째 방법:

두 번째 방법은 동물원이나 농장, 자연에서 〈동물이 되었어요!〉를 하는 경우이다. 실제 살아 있는 동물을 볼 좋은 기회이다. 참가자에게 "여기서 본 동물을 나중에 표현해야 합니다."라고 미리 말을 해주면 흥미를 갖고 동물을 가까이에서 관찰하면서 감정이입을 더 잘할 수 있다. 어린아이가 아니라면 특별히 흥미 있는 동물을 찾아 혼자 자유롭게 돌아다녀도 좋다. 참가자에게 잠자리나 도마뱀, 나비도 동물임을 상기시키고 동물의 움직임, 우는 법, 몸의 특징 등을 주의 깊게 관찰하게 한다. 동물 관찰이 끝나면 그 동물이 되었다고 생각하고 동물의 움직임을 생각하게 한다.

작은 세계 탐험

최근에 한 여성이 25년 전, 〈작은 세계 탐험〉에 참가했던 기억을 잊을 수 없다며 "손바닥만 한 땅바닥에 놀라운 생명체들이 얼마나 살고 있는지를 그때까지 몰랐습니다."라고 말했다.

아이는 발아래 놓인 작은 세계에 놀랄 만큼 푹 빠져든다. 이 놀이를 하기 위해 아이들과 가벼운 산책을 하러 나가, 1~1.5미터 길이의 실을 하나씩 나누어 준다. 아이에게 재미있어

보이는 곳을 찾아 그곳에 실을 길게 풀어놓고 자기만의 탐험 세계를 만들게 한다.

준비가 끝나면 한 사람씩 돋보기를 나누어 주고, 미세한 돌가루, 식물과 그 아래 사는 벌레를 관찰하는 법을 알려 준다. 잘 관찰하기 위해 눈높이가 땅바닥에서 30센티미터 이상 떨어지지 않도록 한다. 땅에 배를 깔고 엎드려 기어가다 보면 조그마한 곤충, 좁쌀만 한 씨앗들과 이끼, 꽃 등을 볼 수 있다.

땅바닥 관찰하기

- 낮/어디서나
- 1명 이상
- 4세 이상
- 실 1~2미터, 돋보기

탐험하는 아이에게 도중에 동물들이 잎이나 씨앗을 씹거나 먹었던 흔적을 보았는지 묻고 불가사의하고 모험이 넘치는 작은 신세계에 들어가고 있다고 격려한다. 흥미로운 곤충을 발견하면 자세히 관찰하여 많은 사실을 알아내게 한다. 아이는 산책로의 전 구간을 탐험할 필요는 없다. 한 발자국 내딛는 것만으로도 수 분간 몰두할 수 있다. 10~15분 정도 놀이를 하고 다 함께 모여 자신이 발견한 것들을 나눈다.

같은 것을 찾아라!

첫 번째 방법:
이 놀이는 아이에게 암석, 식물, 동물 등에 흥미를 갖게 하는데 안성맞춤이다. 안내인은 참가자에게 8가지의 자연물을 펼쳐놓고 기억하라고 말한다. 그리고 기억한 자연물과 같은 물건을 찾게 한다.

안내인은 놀이를 시작하기 전, 가까운 곳에서 솔방울, 암석, 도토리, 낙엽, 덤불에 걸려있는 동물의 털 뭉치, 잠자리 유충, 껍데기 등 8종류의 자연물을 모은다. (아이가 주위에서 비슷한 물건을 쉽게 찾을 수 있는 흔한 자연물이어야 한다. 살아 있는 동, 식물은 사용하지 않는다.) 한 장의 손수건 위에 자연물을 놓고 다른 한 장으로 덮는다.

안내인은 주위에서 찾을 수 있는 자연물을 전시할 예정이니 아이들에게 모이라 말한다. 덮고 있던 손수건을 걷고 자연물을 보여 주며 "25초 동안 잘 보세요. 그리고 무엇인지 잘 기억하세요. 자, 이제 각자 흩어져 비슷한 물건을 찾아보세요."라고 말한 후, 다시 손수건으로 덮는다.

아이들이 자연물을 갖고 돌아오면 손수건으로 덮였던 물건 주위로 모이게 한다. 그리고 물건 하나를 가리키며 어떤 자연물인지 설명한다.

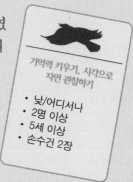

기억력 키우기, 시각으로
자연 관찰하기

- 낮/어디서나
- 2명 이상
- 5세 이상
- 손수건 2장

예를 들면 "인디언 원주민은 이것을 먹거리나 사냥감 미끼, 팽이나 다른 장난감으로 사용했습니다." 라고 얘기한 다음, 좀 극적으로 도토리를 꺼내 보이며 아이들에게 묻는다. "누가 이 도토리를 큰 떡갈나무 아래서 찾았나요?" 아이들은 도토리를 찾고 있었기 때문에 이 물건에 관심이 높아진다. 이처럼 참가자에게 각 자연물을 알아가는 즐거움과 흥미가 커진다.

두 번째 방법:
손수건 위의 자연물을 보고 참가자가 찾아온 자연물과 비교하며 이야기 나누는 시간을 갖는다. 이 시간이 끝나면 손수건 위에 있는 자연물을 다시 보여 주고 눈을 감게 한다. 그리고 안내인은 자연물 중 하나의 위치를 변경한 후 손수건 위에 어떤 변화가 있는지 묻는다. 집중함으로써 아이의 관찰력이 배가될 수 있다.

어둠을 밝혀라

자동차가 다니지 않는 어두운 길에 밤을 지키는 파수꾼은 눈을 감은 채, 손전등을 가지고 길 가운데 앉는다. 소리 내지 않고 아이가 몰래 지나가려 한다.

아이들은 파수꾼이 앉아 있는 곳에서 5미터 정도 떨어진 출발 지점에 한 줄로 선다. 그리고 파수꾼에서 2미터쯤 떨어진 안전지대를 향해 소리 내지 않고 걸어간다. 파수꾼은 아주 작은 소리에도 손전등을 그 방향으로 비춘다. 빛이 조금이라도 몸에 닿은 사람은 그 자리에서 움직일 수 없다. 그러나 손전등을 이리저리 휘두르며 맞추는 것은 반칙이다.

움직일 수 없는 참가자가 많아지면 놀이를 중단한 후에 모두 출발 지점으로 돌아가 다시 시작한다. 파수꾼에게 들키지 않고 안전지대에 도착한 참가자가 다음 파수꾼이 된다.

집중하기, 사냥감 추적,

- 밤 / 차가 다니지 않은 길
- 5명 이상
- 5~13세 이상
- 손전등

졸고 있는 아저씨

모험심이 남다른 사냥꾼이 잠에 곯아떨어진 욕심쟁이 아저씨 집에 숨어 들어가 도난당한 황금 주머니를 다시 가져오려고 한다. 욕심쟁이 아저씨에게 들키지 않으려면 소리 내지 않고 살금살금 접근해야 한다. 아주 신중한 행동으로 아이의 자제력과 집중력을 기른다. 한 아이를 '보물 지키는 아저씨'로 뽑는다. 아저씨는 눈을 가리고 땅바닥에 앉아 눈앞의 황금 (모자나 손수건으로 황금 보따리를 만든다.)을 지킨다. 그렇지만 계속 깨어 지킬 수는 없다. 욕심쟁이 아저씨는 어느새 졸고 있다. 사냥꾼은 욕심쟁이 아저씨가 훔쳐간 보물을 찾기 위해 호시탐탐 기회를 노리고 있다.

이런 놀이에 적합한 장소로, 작지만 소음 없는 곳을 고른다. 사냥꾼은 졸고 있는 아저씨로부터 6미터 떨어져 원을 만들어 둘러선다. 시작 신호가 나면 사냥꾼들은 앞으로 나아간다. 아저씨를 깨우지 않고 황금을 찾아와야 한다. 맨발로 걸어도 좋다. 언제든 움직임을 멈출 수 있어야 한다. 보물로 달려간다든지 뛰어드는 것은 안 된다.

사냥감 추적, 집중하기

- 낮/ 넓은 장소
- 5명 이상
- 6세 이상
- 눈가리개

심판은 아저씨 뒤에 선다. 욕심쟁이 아저씨는 소리가 들리면 손가락으로 그 방향을 가리킨다. 소리가 충분히 컸다면 심판이 "맞았습니다." 하며 그 방향을 가리킨다. 심판이 욕심쟁이 아저씨의 지적을 판단하여 몇몇은 "맞지 않았습니다."라고 말할 수 있다.

만일 아이가 지적을 당했다면 얼마간 그 자리에서 움직일 수 없다.

벌칙을 받아 움직일 수 없는 사냥꾼이 너무 많으면 심판은 잠시 놀이를 중단시킨다. 보물을 찾은 참가자는 원 밖에서 다른 사람이 끝날 때까지 기다린다. 잠시 놀이가 중단된 틈을 타서 앞으로 갈 수 없다. 처음 보물을 획득한 사람이 아저씨 역할을 맡는다.

이 놀이를 할 때 아이들은 매우 조용해진다. 평소 숲에서 볼 수 없었던 동물도 볼 수 있다. 심하게 떠드는 아이를 차분하게 가라앉히고자 할 때 이 놀이를 하면 좋다. 자제력 키우기에도 알맞다.

자연 빙고

내가 시에라 네바다산맥에 있는 한 스카우트 농장에서 네추럴 리스트로 일하고 있었을 때의 일이다. 그곳은 해마다 8월이 되면 태풍이 불어 사나흘은 많은 비가 내렸다. 몇백의 작은 물줄기가 캠프장 전체에 생기면서 맹렬하게 흘렀고, 호우가 내리고 난 뒤에는 캠프장에 있는 물품 모두 물에 흠뻑 젖고 말았다. 완전히 물에 푹 젖은 텐트로부터 캠프장 건물로 아이들이 한 사람씩 한 사람씩 이동하여 오면 건물은 꽉 차버린다.

이렇게 태풍이 불고 비가 오는 날에는 그다지 재미있는 야외 프로그램을 할 수 없지만, 그래도 아이들은 뭔가 하고 싶어 한다. 그래서 나는 유익하고 재미있는 활동이 없을까 하는 생각했고 이 놀이는 그에 딱 맞는 유익한 놀이이다. 〈자연 빙고〉는 일반빙고와 비슷하지만, 숫자 대신에 자연과 관련 있는 것으로 한다.

이 활동을 좀 더 재미있게 하려고 텔레비전의 오락 프로그램을 모방하기도 한다. 여기에 익살스러운 상품이 준비된다면 더할 나위 없이 좋다. 내가 좋아하는 상품 가운데 한 가지는 "밤 2시경에 부엉이 만나러 가기."이다. 그 밖에 모두가 좋아하는 "땅콩잼에 라드를 듬뿍 바른 3단 샌드위치.", "연휴 때 두 사람이 갈 수 있는 열대밀림 여행-부상으로 푹푹 찌는 열대의 주방으로 초대받아서 주방 청소하기 쿠폰" 등도 있다. 물론 활동에 몰두할 수 있게, 아이들이 좋아하는 상품도 많이 준비해 두었다. 우리는 비가 내리면 몇 시간이고 이렇게 아이들을 흥이 나서 놀게 하였다.

박물학, 지리학, 생태학 등의 지식과 자연보호와 환경 윤리를 배운다.

- 언제, 어디서나
- 3명 이상
- 8세 이상
- 빙고카드 외

덧붙이면 상품을 상표를 떼어낸 깡통 밑이나, 보이지 않게 공 밑에 숨겨두는 것도 한 방법이다. 아이들은 "어느 공 밑에 제일 좋은 상품이 들어 있을까?"하며 서로 의논하기에 바쁘다. "두 번째다!", "아니야, 세 번째야!", "첫 번째, 첫 번째!". 이렇게 나는 농장에서 몇 시간이고 아이들과 함께 〈자연 빙고〉를 하면서 놀았다. 상품과는 상관없이 아이들이 흥미를 느끼는 이유는, 놀이를 하면서 지금까지 알지 못했던 재미있는 자연의 정보를 얻을 수 있기 때문이다. 〈자연 빙고〉를 하기 위해서는 자연에 관련된 5가지의 분야를 생각해 낼 필요가 있다. 이 책에서 보기로 든 카드에는 내가 선택한 분야로 ① 멸종위기에 처해있는 생물, ② 동식물 이름, ③ 생태학적 개념, ④ 자연경관, ⑤ 자연보호 사상가를 보기로 들었다. 그다음 분야별로 적어도 8~10개 정도의 항목을 준비한다. 그리고 안내인이 사용할 카드는 참가자의 인원수만큼 준비한다. 카드는 각각 틀린 것이어야만 한다. 그런 다음 한 항목마다 한 장의 표를 만든다. 그 표에는 항목과 그것이 속해 있는 분야를 써넣는다. 예로 만든 카드를 참고하여주기 바란다.

우선 다섯 가지 분야 이름이 있고 그 밑에 분야 각각에 속하는 항목의 예가 나와 있다. 빙고 카드를 다 나누어주었으면 참가자에게 놀이 방법을 설명한다. 안내자는 우선 상자에서 표를 한 장 꺼내어 분야명과 항목을 커다란 소리로 읽는다. 예를 들면 "멸종위기에 놓인 생물: 아프리카코끼리"라고 읽는다. 참가자는 자신의 카드에 위에 콩이나 작은 돌을 올려놓는다. 그리고 맨 먼저 다섯 가지 항목이 일렬로 된 사람이 이기는 것이다. 이긴 사람은 물론 "빙고"하고 큰 소리로 말한다. 줄은 가로, 세로 또는 대각선이면 된다.

이긴 사람에게 다섯 가지 항목의 내용을 하나씩 커다란 소리로 읽게 한다. 이것은 5가지 항목 전부가 지도자가 앞에서 읽은 항목 모두를 확인하기 위해서이다. 지도자는 처음에 읽을 때, 그때마다 분야별로 그 표를 빙고 판 위에 놓아 가면 나중에 이긴 사람의 카드를 확인하는데 편리하다. 지금까지 경험으로부터 배운 것을 추가하자면 안내자가 우선 분야 명 다음에 항목을 말하기 전에 그 항목에 관한 이야기를 하거나 흥미 있는 정보를 알려 주면 재미있어한다. 예를 들면 멸종위기에 처한 생물에 관한 분야에 관하여 이러한 이야기를 할 수 있을 것이다. "너무 많이 포획하였기 때문에 현재는 바다에 있던 수의 6퍼센트 밖에 남아 있지 않습니다." (흰긴수염 고래)

여기서 참가자는 이야기가 어떤 항목에 관한 것인가 상상하게 된다. 이런 이야기도 할 수 있다. "이 새는 트럼펫과 같이 둥글게만 1.5미터 길

이의 기관을 가지고 있습니다. 귀찮게 한다거나 못살게 굴면 화가 나서 '키룩키룩' 하며 수 킬로미터 떨어져 있는 곳에서도 들리는 소리로 짖어댑니다." (왜가리)

자연보호 사상가라는 분야는, 지구에 관하여, 감동적인 책을 남긴 사상가들의 생각을 들려줄 기회이기도 하다. 예를 들면 "바람이 불거나 일몰과 같은 자연현상은, 문명의 진보가 있기까지는 당연하게 여겨왔다. 나는 지금 결단을 내리지 않으면 안 된다. 더 높은 생활 수준을 요구한다는 것이 자연을 희생해야 할 가치가 있는지"- (앨도 레도폴드) 또는 "이 지구상의 모든 것은 우리에게 있어 없어서는 안 될 것들이 있다. 반짝반짝 빛나는 소나무 끝(梢), 여기저기의 사막, 온 숲을 감싸 안은 안개, 아름답게 노래하는 벌레들, 이것들 모두, 우리들의 기억과 경험에 있어서

신성하다고 말할 수 있는 것들이다."
- (치프 시애틀)

　자연풍경의 분야에 관해서는 이러한 이야기를 할 수 있을 것이다.
"계곡의 벽은 산처럼 커다란 바위로 되어 있다. 길이 7마일, 폭은 반 마일에서 1마일, 그리고 깊이는 1마일 정도 된다. 계곡 전체의 바위는 마치 생명을 가지고 있는 듯이 빛나고 있다. 그리고 초원 사이를 조용하고 여유롭게 수정과 같이 빛나면서 흐르는 강. 기특하게도 그 이름이 자비의 강이라고 한다."- (존 뮤어가 묘사한 요세미티 계곡)

　참가자는 잠깐 생각을 하고 커다란 소리로 답을 말한다. 혹시 답을 몰라 고민하고 있다면 정답을 가르쳐 준다. 또한, 문제 그 자체를 참가자에게 만들게 하여 더욱 열중하게 할 수도 있다. 이때 한 분야마다 한 모둠씩 맡아서 만들게 하는 것도 좋을 것이다. 〈자연 빙고〉 판 참조

필드 빙고

　내가 교육 현장에서 많이 활용하는 놀이이다. 〈필드 빙고〉는 〈자연 빙고〉 활동을 응용해 만든 활동이다. 숲이나 공터, 학교 운동장 등에서 운영할 수 있다. 이 활동 워크시트에 들어갈 항목은 활동 현장에서 볼 수 있는 다양한 자연물을 선정하여 칸에 사진이나 그림, 또는 글로 표기하면 된다. 아이부터 성인까지 몰입하여 놀 수 있다. 운영방법은 〈자연 빙고〉와 같다. 〈필드 빙고〉 판 참조

(자연빙고) 판 보기

멸종위기에 처한 생물	동식물 이름	생태학 개념	자연경관	자연주의 사상가
황금박쥐	소나무	공생	지리산	레이첼 카슨
흰긴수염고래	물개	먹이사슬	아마존의 열대림	헨리 데이비드 소로우
백두산 호랑이	민들레	식물천이	미국의 그랜드캐니언	치프 시애틀
반달곰	학	천적	유럽의 알프스산맥	앨도 레오폴드
늑대	다람쥐	의태	아프리카의 세렌케지초원	존 뮈어

(필드빙고) 판 보기

자연을 직접
체험하는 활동

불가사의한 자연과 만나는 동안, 우리는 삼투압을 하는 세포같이 주변 환경에 즉시 빠져든다. 자연체험 놀이는 우리를 자연 세계에 완전히 몰두하게 한다.

나는 언젠가 물오리 사냥을 위해 인디언들이 밤에 습지로 기어들어 간다는 것을 책에서 읽은 적이 있다. 칠흑 같은 어둠 때문에 물오리에 가까이 접근할 수 있다고 했다.

이 이야기를 읽고 야생조류 관찰자로서의 나의 가능성을 확인하고 싶은 마음에 가만히 있을 수가 없었다. 어느 겨울 저녁, 이 이야기가 사실인지 확인하려고 내가 자주 가던 습지로 갔다. 좋아하는 습지에 가까이 접근하자 수천 마리의 물오리들이 푸드덕거리며 물을 박차며 탄력받은 날개를 힘차게 펼치고, 우레 같은 소리를 내며 하늘로 솟구쳐 올랐다. 마치 화산이 폭발하듯이 물오리 떼가 날아오르는 동시에, 거위 떼가 소용돌이치듯 솟아올라 온 하늘을 뒤덮고 있었다.

습지의 기다란 부들을 스치며 사방으로 수천 마리의 물오리가 솟아올랐다. 나는 한겨울의 냉기를 잊어버리고 서둘러 물로 뛰어들었다. 물오리 떼가 재빨리 솟구쳐 오르며 습지를 뒤흔드는 떨림과 브이(V) 자 대열로 울부짖으며 날아가는 모습에 나는

완전히 압도당하여 행복에 취해 추위도 잊고 있었다.

달도 보이지 않는 밤에 물오리들은 내가 있는 곳 가까이 날아왔다. 내 귀는 붕붕, 퍼덕거리며 꽥꽥거리는 소리로 가득했다. 그것은 활기를 불어넣는 소리였다. 오리 떼는 굵은 빗줄기처럼 내 주변에 내려앉았다.

내 머리 위에 뭔가 있는 것 같아 올려다보니 큰 올빼미가 급하강하고 있었다. 올빼미는 물 밖에 나온 내 머리가 먹이인지 자세히 보려고 내 곁으로 날아왔다. 그러는 사이, 물오리들은 내 주위에서 유유히 헤엄치며 손에 닿을 정도로 가까이 다가왔다. 나중에 얕은 물가에 조용히 서 있었더니 내 가랑이 사이로 어린 물오리 새끼들이 헤엄치며 놀았다.

나는 오랜 시간 동안 오리가 많은 연못에서 청각과 촉각만을 의지한 채 조용히 물속에 서 있었다. 수많은 물오리와 거위와 함께 한 그날 밤의 습지 체험으로 나는 사람과 자연의 구별이 흐려졌고, 아니 없어져 버린 것 같이 마음을 빼앗겼다.

나무 소리 듣기

나무는 살아 있다. 우리와 똑같이 먹기도 하고 휴식을 취하기도 하며, 숨을 쉴 뿐만 아니라 피(수액과 영양분)도 돌고 있다. 이 생명의 흐름은 "쉬이쉬이"하는 다양한 소리로 들린다. 이 소리를 쉽게 들을 수 있는 시기는 만물이 생동하는 계절로, 성장을 위해 빨아들인 수분을 왕성하게 가지에서 가지로 공급하는 초봄이다.

나무는 지름이 20센티미터 이상이고 껍질이 얇은 것을 선택하는 것이 좋다.

활엽수가 침엽수보다 소리를 듣기 쉬우며, 같은 종류의 나무라도 듣기 쉬운 나무와 잘 들리지 않는 나무가 있다. 청진기를 너무 세게 눌러 잡음이 나지 않도록 주의하고, 소리를 들을 때는 움직이지 말라고 말해 준다. 잘 들리는 곳을 찾아 여기저기 청진기를 대보자.

**감정 이입하기,
나무의 생리 알기**

- 낮/ 숲속
- 1명 이상
- 5세 이상
- 청진기

아이들은 청진기로 자신의 심장 소리도 듣고 싶어 할 것이다. 동물이나 새들의 심장 소리도 들어보게 해주자. 그러면 소리와 박자가 모두 달라 깜짝 놀란 아이들은 자신도 모르게 자연이 내는 소리의 매력에 빨려들어 갈 것이다.

자연과의 인터뷰

　이 활동을 위해 재미있는 이야기를 들려줄 수 있는 새, 꽃, 산, 바람, 암석 등의 자연물을 찾는다. 예를 들어 잠자리와 민들레, 바위, 산봉우리, 바람도 좋다. 선택한 자연물을 잘 알기 위해 가능한 한 여러 가지 방법을 사용해 본다. 예를 들어 바위나 식물의 표면을 손으로 만져 본다. 표면에 무엇이 묻어 있는지, 산불이나 가뭄, 토양 유출 등에 의해 상처를 입었거나 어떠한 영향을 받은 증거가 있는지, 좀 떨어져 보았을 때 주위의 자연과 잘 어울리는지, 어떠한 영향을 서로 주고받았는지 등을 찾아본다.

　당신이 선택한 자연물이 세월을 겪으며 어떤 특별한 경험을 했는지를 상상해보자. 경이로움을 느꼈다면 그것을 표현해 보자. 지질학자는 그랜드캐니언이 무려 20억 년의 역사를 가지고 있다고 말한다. 이 암석들이 오랜 세월 동안 어떤 경험을 했을까 상상해보는 것은 매우 흥미롭다. 산이 융기되었다가 침식되고, 사막화되었다가 없어지고, 바다가 되었다가 사라졌다. 공룡이나 맘모스, 낙타 등 많은 생명체가 순서대로 이 암석 위를 걸어 다녔을 것이다.

　자연물에게 당신이 질문하고 답을 적으며 인터뷰해 본다. 바위나 식물, 동물은 말할 수 없으니 대답은 머리에 떠오르는 대로 상상하며 만들어 본다. 우리가 서로 잘 이해하는 친구라고 생각하며 상상력을 발휘해 보자. 나의 자연물 친구가 어떻게 대답하는지 귀 기울여 가능한 한 자연물 입장이 되어 대답해 보자. 인간은 자연과 생명의 선물을 공유하고 있다는 친밀감 때문에 야생의 동식물에 관심을 갖는다. 자연물의 입장이 되어 그들

자연과 모든 생명체에 대한 공감

- 낮/ 어디서나
- 2명 이상
- 7세 이상
- 연필, 종이 ; 인터뷰 질문지

도 우리와 같은 생명체임을 느낄 수 있다.

놀이방법: 선택한 자연물에 아래의 예 가운데에서 질문 한 가지를 선택하여 대답한다. 아래 질문은 단지 참가자의 아이디어를 돕기 위한 예문이므로 궁금한 것이 있다면 새롭게 질문을 만들어도 좋다. 아이와 어른이 함께 하면 어른이 질문을 읽고 아이의 대답을 적는다.

암 석 과 식 물
- 당신은 몇 살인가요?
- 어디서 왔나요?
- 당신은 옛날부터 이런 크기였나요?
- 당신에게 이 장소는 어떤 곳인가요?
- 오랜 세월 동안 무엇을 보았나요?
- 누군가 당신을 방문한 적이 있나요?
- 어떻게 친구들에게 도움을 주나요?
- 또한, 친구들은 당신에게 어떤 도움을 주나요?
- 나에게 특별한 이야기를 들려줄 수 있나요?

동 물 새나 물고기, 곤충, 도마뱀 등 쉽게 발견할 수 있는 동물을 찾아보자. 동물이 움직이고 있다면 조용히 뒤따라가 보자. 동물이 놀라거나 방해받지 않게 주의하면서 동물을 관찰하고 내가 이 동물이 되었다고 상상해보자.
- 지금 무엇을 하고 있나요?
- 어디에 살고 있나요?
- 무엇을 먹고사나요? 어떻게 먹이를 찾지요?
- 당신의 삶이 어떻게 다른 친구를 유익하게 하나요?
- 친구들은 당신에게 어떤 도움을 주나요?
- 가장 좋아하는 것이 무엇인가요?
- 멀리 여행 가본 적이 있나요?
- 당신의 이야기를 들려줄 수 있나요?

10분 정도 인터뷰한 후 다시 3~4명의 모둠을 이루어 인터뷰한 내용을 서로 나눈다.

존 뮤어의
자연 관찰

"자연을 관찰할 때 나는 바위에서 바위로, 숲에서 숲으로 헤매기도 하고 몇 시간씩 꼼짝하지 않고 새나 다람쥐, 꽃을 들여다본다. 처음 보는 식물과 만났을 때는 잠시 또는 온종일 그 옆에 앉아 친구가 되어 식물이 전하는 소리를 들으려 한다." - 존 뮤어

대부분 사람은 자세히 보지 않고, 그냥 본다. 이 활동은 동물의 겉모습뿐만 아니라 본질을 이해하는 데 도움을 준다. 먼저 새나 개구리, 곤충 등 쉽게 관찰할 수 있는 동물을 선택한다. 쌍안경, 돋보기 등이 있다면 그것들을 이용해 차분하게 관찰한다. 만약 적당한 동물을 발견하기 어렵다면 나무나 야생화, 암석, 강 등도 선택할 수 있다. 세밀하게 관찰하면서 동물 눈의 색, 동작, 식물의 잎이나 새털의 색 등 잘 몰랐던 특징을 찾아낸다.

독창적 문장표현, 동식물에 대한 감정이입

- 낮/ 어디서나
- 1명 이상
- 10세 이상
- 필기구

가) 당신이 관찰한 동물이나 식물에 관해 발견한 7가지를 적어보세요.

1. _____
2. _____
3. _____
4. _____
5. _____
6. _____
7. _____

*John Muir paraphrased by Joseph Cornell, John Muir: My Life with Nature
(Nevada City, CA: Dawn Publications, 2000), 28

나) 당신이 관찰한 동물이 어떻게 움직이는지 한 마디로
표현해 보세요.(식물이라면 어떻게 서 있는지 표현해 보세요.)

_____

다) 당신이 관찰한 동물(식물)의 독특한 분위기를 한 마디로
표현해 보세요.

_____

라) 당신이 관찰한 동물(식물)에 별명을 붙여 보세요.

_____

마) 당신이 관찰한 동물(식물)에 관한 짧은 시나 문장을 만들어 보세요.
어떤 점이 놀랍도록 멋졌는지 적어보세요.

시작하기 전에 존 뮤어가 시에라의 노간주나무를 보며 지은 글을 읽어 보자.
존 뮤어는 살아 있는 모든 것은 특별한 아름다움을 가진 생명체라고 생각하였다.

노간주나무

존 뮤어 지음

시에라의 노간주나무는 수많은 고산식물 가운데 가장 튼튼한 몸을 가지고 있다. 200년 이상 살면서 강렬한 태양과 눈과 폭풍에 견디며 바위나 산등성이 위에서 자라는 노간주나무는 용기 있는 나무다. 차가운 얼음 바위에 부는 강한 바람은 거대하고 튼실한 노간주나무에도 영향을 준다. 감탄을 자아내는 노간주나무는 바위가 있는 한 그 위에 서 있을 것이다. 나무 중에 참을성이 가장 강하고 죽음을 두려워하지 않는다. 만약 나무가 어떤 위험으로부터 보호받을 수 있다면 영원히 살아남을 것이다. 나도 이 노간주나무처럼 태양의 열기와 눈보라를 견디어 몇 천 년 그와 함께 살 수 있다면 많은 것을 볼 수 있을 것이다. 이 얼마나 즐거운 일인가!

*John Muir paraphrased by Joseph Cornell, John Muir: My Life with Nature
(Nevada City, CA:Dawn Publications, 2000), 28

카메라 게임

이 놀이는 자연을 받아들이도록 긴장을 풀고 마음을 차분하게 가라앉히기 때문에 이 책에 소개된 놀이 가운데 가장 즐겁고 효과가 크다.

두 사람이 짝이 되어 한 사람은 사진사가 되고, 나머지 한 사람은 카메라가 된다. 사진사는 카메라의 렌즈(카메라 역할을 하는 사람의 눈)를 닫은 채로 아름다운 풍경이나 흥미로운 장소로 카메라를 데리고 간다. 사진사가 재미있는 자연물을 발견하면 카메라의 렌즈를 고정하여 목표물에 맞춘다. 사진사가 카메라의 어깨를 두 번 두드리면 카메라는 렌즈를 3초 정도 열고(눈을 뜬다.), 다시 어깨를 두드리면 렌즈를 닫는다. (눈을 감는다.) 맨 처음 사진을 찍을 때, 카메라의 어깨를 두 번 치며 "눈을 뜨세요."라고 말하고, 3초 후 다시 어깨를 두드리며 "눈을 다시 감으세요."라고 말해 주면 좋다.

카메라는 사진사의 안내를 받아 걸어가는 동안 눈을 감고 있어야 한다. 그러면 3초의 노출이 카메라에게 강한 인상을 줄 수 있다.

> ### 자연을 미학적으로 이해하기
>
> - 낮/ 실외
> - 2명 이상
> - 4세 이상 어른과 함께, 12세 이상 포함
> - 활동 카드, 연필

실제로 많은 참가자가 "5년 이상 되었는데도 그때 찍은 사진을 아직도 기억합니다."라고 이야기한다. 카메라 게임은 시각적 체험뿐만 아니라 눈을 감고 있는 동안 다른 감각 기관들의 중요성도 일깨운다.

4~6장의 사진을 찍고 난 후 서로의 역할을 바꾼다. 너무 재미있는 체험이기

때문에 사진사와 카메라 사이에 친밀한 교감이 생긴다. 손자, 손녀와 할아버지, 할머니 등 한 쌍을 이루어 서로 사진 찍으면서 그들을 둘러싼 자연의 경이로운 광경을 즐기는 모습은 정말 아름답다.

카메라 게임은 혼자 해도 자연의 아름다움을 극대화할 수 있다. 주위 경치를 가로막는 장애물이 없고 다양한 생태계가 있는 곳을 고른다. 혼자 걸어야 하므로 안내인의 도움을 받거나 안전을 위한 등산용 지팡이를 가지고 간다.

커다란 바위나 나무, 멋진 경치, 흥미로운 경관의 장소로 가는 안전한 경로를 선택하여 눈을 감고 걷기 시작한다. 고르지 못한 지형에 들어섰을 때 다리의 근육이 어떻게 반응하는지도 살펴보자. 따뜻한 햇볕과 온몸을 감싸는 바람의 느낌을 체험하고, 가까이에서 들리는 벌레 소리와 바쁘게 움직이는 윙윙대는 곤충 소리를 듣는다.

계획한 길을 걸어가며 주변 환경이 흐릿하게 보일 정도로 눈을 뜬다.

주위에 흥미로운 것이 눈에 띄면 눈을 뜨고 사진을 찍는다. 제한된 3초의 노출 시간 동안 사물에 마음을 온전히 집중한다. 빛에 너무 많이 노출되면 사진을 망치듯 카메라의 노출 시간이 길어지면 우리 마음도 흐트러진다.

사진을 몇 장 더 찍으며 주위를 살피면서 계속 걸어간다.

<카메라 게임> 안내:

1. 사진사가 가고 싶은 방향으로 카메라의 손을 잡거나 팔을 부드럽게 이끌어 안내한다. 땅 위의 장애물이나 나뭇가지에 조심하며 앞으로 천천히 걸어간다.

2. 평소와 전혀 다른 각도나 방향에서 찍는다면 더 멋진 사진을 찍을 수 있다. 가령 카메라와 함께 나무 밑에 누워 올려다보며 찍거나 카메라를 나무껍질이나 잎 가까이에 접근시켜 찍을 수도 있다.

3. 사진사는 카메라에게 다음 사진은 어떤 렌즈를 사용할 것인지를 말하고 렌즈를 바꿀 수도 있다. 꽃 사진을 찍으려면 접사 렌즈, 넓은 풍경을 파노라마로 찍으려면 광학 렌즈, 먼 곳에 있는 것을 찍으려면 망원 렌즈를 택한다.

4. 카메라를 돌려서 파노라마처럼 촬영하는 방법도 가르쳐 준다. 영화를 촬영하는 카메라처럼 셔터를 누른 채로 카메라의 어깨를 잡고 천천히 움직이면 된다. 이 움직임 자체가 재미있으니 오랫동안 셔터를 누른 채 있어도 좋다. 나무의 아랫부분에서 몸통을 따라서 가지 위로, 하늘로 움직일 수 있다.

5. 두 역할이 끝나면 카메라는 찍었던 사진 중에 가장 인상에 남은 것 한 장을 기억하여 종이에 그려서 사진사에게 현상한 사진을 준다.

아이들을 위한 안내

12살 미만의 아이는 성인이나 십 대 청소년과 한 모둠을 이룬다. 어린아이는 다른 어린아이를 안내할 만한 배려심은 부족하지만, 어른이나 조부모를 안내하는 것은 좋다. 아이가 사진사가 되어 안내할 때는 카메라인 어른은 이따금 살짝 눈을 떠도 괜찮다. 아이끼리 활동할 때는 작은 원을 만들어 눈을 가리고 앉아 흥미로운 자연물을 돌려가며 만져 보는 것도 도움이 된다. 〈애벌레 산책〉〈밧줄 따라 숲속 여행〉 같은 놀이는 아이가 눈 가리고 걸을 때 좀 더 편안히 참여할 수 있다. 아이가 눈을 가리고 걷는 것이 편안해지면 카메라 놀이할 준비가 된 것이다.

안전을 위해 사진사는 카메라 어깨 위에 손을 얹고 뒤에 선다. 카메라 뒤에서 사진사가 카메라를 안내하며 따라가면서 길에 떨어진 나뭇가지나 장애물을 피한다. 안내인은 이런 방법으로 한 번에 3~4명의 아이를 안내할 수 있다.

참가자에게 독이 있는 식물이나, 해로운 곤충, 동물이 파 놓은 구멍들을 조심하도록 주의 시킨다.

> "사진사의 감광판에 담긴 자연의 모습을 보라. 일찍이 그 어떤 인위적이고
> 화학적인 결합이 인간의 영혼에 감동을 준 적은 없다."
>
> -존 뮤어

새 부르기

자유와 우아함을 상징하는 야생조류는 지구에서 사랑받는 동물 중 하나이다. 야생조류에 관한 관심을 끌게 하는 최상의 방법은 가깝게 만나 친밀감을 느끼게 하는 것이다. 다행스럽게도 작은 새를 당신 곁으로 불러들이는 쉬운 방법이 있다. 나무와 나무 사이를 날아다니는 야생의 새를 눈앞에서 직접 보는 것은 아주 멋진 일이다. 내 친구와 학생들이 이 놀이의 효과를 본 후 모두가 평생 야생조류의 열렬한 팬이 되었다. 휘파람은 특별한 희귀 조류나 알을 품은 새에 방해되지 않도록 조심하며 신중하게 사용한다.

새를 부르는 "휫"하는 단순한 소리를 천천히, 규칙적인 속도로 3~5번 반복한다.

"휫…휫…휫…휫"

서너 번의 휘파람을 연습하고 잠시 쉬면서 새가 가까이 날아왔는지 귀 기울이고 다시 연습해 본다.

야생조류 탐조 자는 이 연습을 '휘파람 불기' 라고 한다. 하지만 그들은 "프싶…프싶…프싶" 같은 다른 음절을 사용하기도 한다. 주변의 야생 새에게 가장 잘 맞는 음절과 속도가 무엇인지 실험해 보자. 새가 휘파람 소리에 즉각 반응하기도 하지만 전혀 그렇지 않을 수도 있다.
바로 응답이 없다면 이 소리는 별 효과가 없는 것이다.

새 소리가 가까이에서 들리면 휘파람을 불기 전에 잠시 숲이나 잡목 속에 몸을 가만히 낮추고 움직이지 말아야 한다. (이러한 자세를 한 당신에게 새가 날아와 앉게 될 것이다.) 새가 가까이 다가오면 "휫" 소리를 내며

새 부르기

- 밤, 낮/ 덤불, 숲속
- 1명 이상
- 5세 이상
- 쌍안경(선택 사항)

좀 더 가까이 날아오도록 유도한다.

50마리 이상의 새가 휘파람 소리에 여러 번 응답했고 그중에는 1미터 앞의 내게 가까이 다가왔다. 한번은 흰 눈썹 박새가 근처 나무 둥지에서 날아와 내 어깨 위에 앉았다. 휘파람으로 새를 부를 수 있는 이유 중의 하나는 '휘' 소리가 작은 새들이 포식자를 쫓아낼 때 내는 경계 음과 비슷하기 때문이다. 포식 동물을 대항하는 것을 '집단행동'이라 한다.

한번은 시에라 산에서 7명의 보이 스카우트 대원과 극적인 장면을 보았다. 우리는 키 작은 오리나무 숲속에 있었는데 갑자기 2~3미터 앞에 담비(미국에 서식하는 족제비과의 한 종류, 작은 고양이만 한 크기로 민첩하게 나무 위로 올라가 나무 위의 새를 잡아먹는다.) 한 마리가 나타나 우리를 빤히 쳐다보았다. 우리는 '구조 신호' 휘파람을 불어 댔다. 1분도 안 되어 울새, 박새, 상모솔새 등 10여 마리의 새가 미국 기병대 같이 나타나 침입자를 몰아내려고 경계 소리를 내며 모여들었다.

휘파람을 불면서 암부엉이 소리를 녹음해 쓰면 효과가 더 크다. (암부엉이는 작은 포유류나 곤충, 새를 먹이로 한다.) 나는 이 방법을 몇 번 해보았는데 그때마다 50~75마리의 작은 새가 모여들어 내 주위에서 지저귀었다. 녹음한 부엉이 소리를 먼저 틀고 잠시 쉬었다가 20초가량 휘파람을 분다. 그리고 부엉이 소리를 다시 틀어 주는 식으로 되풀이한다. 번갈아 내는 소리를 듣고 새들은 살아 있는 부엉이를 쫓아내려는 듯 경계 음을 내었다.

부엉이 울음소리의 효과는 정말 크지만, 새가 알 품는 시기에는 절대 사용하지 말아야 한다.

동물 미스터리

몇 년 전 친구와 함께 집 옆의 초원을 산책하던 중에 울새보다 조금 작고 가냘픈 아름다운 새를 보고 놀란 적이 있다. 우리는 그렇게 아름다운 색깔을 가진 새를 본 적이 없었다. 그 새의 머리와 등은 까맣고, 눈은 빛나는 빨간색, 날개깃은 갈색, 배는 흰색이었다. 그리고 등과 날개에 눈부신 흰 반점이 찍혀있었다. 그 새가 날 때, 갈색과 흰색과 검은색의 빛이 나는 것 같았다. 안타깝게도 그곳에는 그 새를 아는 사람이 없었다. 나 또한 야생조류 관찰자로서의 훈련이 미숙한 상태였다. 우리는 새 도감에 실린 많은 새의 사진에서도 그 새를 찾을 수 없었다.

두 주간 내내 그 새를 보려고 매일 산책을 했다. 어느 날 새가 땅에 떨어진 나뭇잎과 잔가지들을 들추어 밑에 있는 씨앗과 벌레를 찾아 먹는 것을 보았다. 새는 사슴도 놀랄 정도의 큰 소리를 내며 나뭇잎을 뒤집고 파헤쳤다. (내 친구는 그 새를 두 발로 땅을 파는 아저씨라고 불렀다.) 새의 우는 소리는 고양이가 '야-옹' 하고 우는 것 같았다. 정말로 놀랍고 신기하며 신비로웠다. 새 이름은 흰점발멧새(Spotted Towhee) 였다.

나의 새에 관한 관심은 점차 다른 생명체로 확대되어 갔다. 궁금증을 풀지 못한 경험이 나에게 값진 교훈이 되었다. 대상과 관계없이 호기심이 생기면 생길수록 더욱 많은 것을 배울 수 있다는 것을 알게 되었기 때문이다. 자연 관찰도 이와 같아서 호기심을 갖고 생각하는 것만큼 더 깊이 배울 수 있다.

자연역사, 그림 그리기

- 낮. 밤/ 어디서나
- 3명 이상
- 5세 이상
- 동물 사진, 연필, 색인 카드

동물미스터리 놀이에 대하여

〈동물미스터리〉는 안내인이 참가자를 신비한 여행을 상상하도록 안내하면 참가자는 눈을 감고 귀 기울인다. 참가자가 목적지에 도착하면 어떤 동물인지 모른 채 동물을 관찰, 조사하고 신비한 여행에서 돌아와 그 동물을 그린다. 참가자는 아주 다른 동물 그림을 서로 보여 주며 박장대소한다. 그리고 안내인은 동물의 본래 모습 사진을 참가자에게 보여 준다.

참가자는 미스터리 동물을 똑같이 그리고 싶어 하므로 동물의 진짜 모습을 보고 싶은 마음이 간절해진다. 동물의 본래 모습을 사진으로 확인했을 때 생김새의 미묘한 차이에 몹시 놀라고 감탄하며 바라본다.

〈동물미스터리〉는 참가자에게 선입견이 아닌 새로운 시각으로 동물의 모습을 볼 기회를 준다. 동물에 대한 관심이 많을수록 그 모습을 오랫동안 기억한다.

아래의 〈동물미스터리〉를 읽고 동물의 생김새를 그려 보세요.

〈동물미스터리〉 이야기

여러분은 지금 지구에서 최고의 비경이라고 할 만한 곳에 와 있습니다. 찰스 다윈은 그곳을 '크고 풍요로운 야생의 온실'이라고 불렀습니다. 온도는 항상 섭씨 34도를 넘고 습도 80퍼센트 정도를 유지하고 있습니다. 연간 강수량은 평균 3,900밀리미터나 됩니다. 이런 조건의 열대 우림에는 다행히 지구에서 가장 많은 종류의 생물들이 살고 있습니다.

위를 올려다보세요. 나무의 가지들이 무성하게 자라고 있습니다. 햇빛은 숲의 1퍼센트 정도밖에 비치지 않으므로 땅에는 식물이 거의 자라지 않습니다. 그래서 어렵지 않게 걸어 다닐 수 있습니다. 자, 이제 숲속을 걸어봅니다. 주위에 많은 희귀한 식물이 살고 있습니다. 날카롭게 까악, 개굴, 딸깍대며 울부짖는 야생의 합창 소리도 들을 수 있습니다. 자신에게 물어보세요. 이상한 소리의 주인공은 누굴까? 원숭이? 새? 개구리? 곤충일까?

나뭇가지 위에 뭔가 매달려 있습니다. 조금 움직이는 것 같습니다. 그것은 말라버린 잎사귀 덩어리나 곰팡이, 버섯, 흰 거미집인 것 같습니다. 다시 잘 보세요. 또 움직인 것 같습니다. 더 자세히 보려고 망원경으로 봅니다. 자세히 보니 그것은 동물이었습니다. 덥수룩한 긴 털과 네 개의 긴 발을 가진 동물이 나뭇가지에 거꾸로 매달려 있습니다. 발에는 갈고리 같은 손톱이 있습니다. 키는 60센티미터 정도이고 몸무게는 60킬로그램이나 됩니다. 둥근 머리보다 목이 더 굵습니다. 귀는 어떻게 생겼는지 보이지 않습니다. 꼬리를 찾을 수 없어서 어디가 앞이고, 뒤인지 구별하기 어렵습니다. 저기 좀 보세요. 이쪽을 보고 있습니다. 좀 더 자세히 관찰해보겠습니다. 얼굴은 희고 미끈하며 입은 마치 웃는 것 같습니다.

이 동물이 어느 정도의 속도로 움직이는지 알 수 없을 정도로 느리게 움직입니다. 지금 막 움직이기 시작했습니다. 진짜 천천히 움직이는지 잘 관찰해보겠습니다. 한 번에 발 하나만 움직이는군요. 가장 가까운 가지로 발을 천천히 움직입니다. 잠시 후에 그 가지를 잡을 것 같습니다. 잡았습니다! 이번에는 다른 발이 움직이기 시작했습니다. 발을 조금 움직이는데도 30초 이상 걸리는 것 같습니다.

이런 속도라면 4~5미터 앞에 있는 새끼에게 급히 가야 하는 어미라면 한 시간 이상 걸릴 것 같습니다. 움직이는 것이 너무 느려서 호랑이나 독수리 같은 적들이 발견하기 어려울 정도입니다. 나무 위에서도 천천히 움직이지만 땅 위에서는 1/10 정도의 속도밖에 낼 수 없다고 합니다. 발이 몸무게를 지탱할 수 없기 때문입니다. 그래서 땅 위에서는 몸을 끌듯이 움직여야 합니다. 그러나 나무에서 내려오는 일은 많지 않습니다. 새끼를 낳거나 배변하기 위해서입니다. 배변은 자주 하지 않습니다. 7~8일에 한 번쯤 합니다.

어느 과학자는 '이 동물은 이상적인 생활을 하고 있다.' 라고 어떤 사람들이 농담조의 말을 했다고 말하였습니다. 과학자는 1주일 동안 이 동물을 관찰한 후에 이 동물이 1주일 동안 무엇을 했는지 보고서를 발표하였습니다.

11 시간 먹기　　　　　**10** 시간 휴식
18 시간 천천히 움직이기　　**129** 시간 잠자기

이 동물은 하루를 24시간 중 18시간을 자면서 보냅니다. 이 동물의 신진대사는 대단히 느려서 물속에서 30분 이상 숨 쉬지 않고도 살 수 있다고 합니다.

이 동물은 자신의 몸 청결에는 관심이 없을 뿐만 아니라 털을 깨끗이 한다는 것은 생각도 할 수 없습니다. 한 마리의 털에서 978마리의 딱정벌레가 발견된 적도 있다고 합니다. 또한, 9종류의 모기와 4종류의 딱정벌레, 6종류의 벼룩이 털 속에 사는 것이 발견된 적도 있다고 합니다.

비가 많은 우기가 되면 동물의 털가죽 위에 조(藻)같은 것이 자라납니다. 그것이 동물에게 녹색의 보호색이 되어 줍니다. 털 속에 사는 애벌레는 털가죽에 핀 곰팡이를 먹고 번데기로 자라 나비가 되어 날아갑니다.

　이 동물은 너무도 원시적이고 걱정이 없어 보여 어떻게 살아남았는 지 많은 이들이 궁금해합니다. 성공의 비결은 느리게 움직이며 보호색 때문입니다. 거의 밤에 먹는 습관과 23대의 갈비뼈가 (사람은 12대) 두 꺼운 털가죽으로 싸여있기 때문에 내장기관이 잘 보호받고 있다는 것입니다.

　이 동물이 가장 좋아하는 것은 잠자는 것입니다. 마지막으로 다시 나 뭇가지에 거꾸로 매달린 그의 모습을 관찰하겠습니다. 기다랗게 구부러 진 손톱과 목, 꼬리, 불분명한 귀, 둥근 머리에 미소를 띤 하얀 얼굴, 등으 로 흘러내린 약간 굵은 듯한 머리털에 주목해 주세요.

　자, 우리는 캠프로 돌아왔습니다. 눈을 크게 뜨고 그 동물을 그려 보 세요. 그리고 219쪽의 미스터리 동물 사진과 비교해 보세요.

놀이방법과 나만의 미스터리 동물 만들기

1. 특이한 행동이나 모양이 신기한 동물 하나를 선택한다. 이미 잘 알려진 동물을 골랐다면 잘 모르는 정보를 다음과 같이 조금 다르게 표현한다.
- 이 동물 새끼의 형제, 자매가 수천 마리입니다.
- 이 동물은 앞으로, 좌우로, 조금은 뒤로, 동시에 위로도 움직일 수 있습니다.
- 피부의 약 50퍼센트로 숨을 쉽니다. 마시는 물도 모두 피부를 통해 들어갑니다. **이 동물은 개구리입니다.**

2. 주위 환경을 이야기할 때는 마치 풍경이 눈앞에 어른거리듯 감각에 호소하는 묘사를 한다. 가령 열대림에 사는 동물 이야기라면 삼림의 무성함과 더불어 어둡고 캄캄한 모습을 설명한다.

3. 흥미를 놓치지 않도록 참가자에게 생생하고 세밀한 묘사를 들려준다.

4. 이상적인 방법은 이야기의 주요 대사는 외우고, 나머지는 즉흥적으로 전해 줌으로써 이야기의 생동감을 더하는 것이다.

5. 그림 그리기에 자신 있는 참가자가 있다면 그의 그림에 다른 사람의 이름을 적게 하여 그림을 못 그리는 사람도 동참할 수 있게 배려한다.

6. 참가자가 그림을 완성하면 안내인은 이렇게 말한다. "지금은 과학 심포지엄 시간입니다. 여러분은 과학자입니다. 각 탐험 보고서(미스터리 동물 그림)를 적어도 4명의 과학자와 공유하길 바랍니다." 참가자는 서로의 그림을 보면서 크게 웃음을 터뜨릴 것이다.

7. 모두에게 동물 사진을 보고 싶은지 물어보고 미스터리 동물 사진을 보여 준다. 안내인이 설명한 대로 동물이 자기 그림 속에 있는지 찾아보기 위해 집중하는 참가자의 얼굴이 빛나며 그 열의에 놀랄 것이다.

아이를 위한 동물미스터리

그림 그리기가 좀 어려운 아이일 경우에는 동물 그림 5장을 준비하여 그중에 알맞은 것을 찾게 한다.

이 놀이는 특별히 아이와 동물원에 소풍을 갔을 때 하면 좋다. 아이와 동물원을 돌아보기 전에 이 놀이를 아이에게 소개한다. 어떤 동물에 관해 자세히 이야기한 다음, 동물원에서 이 동물을 찾아보게 한다. 아이가 동물의 주인공을 알아내려고 열심히 동물을 관찰하는 모습은 참 감동적이다. 아이의 관심이 계속 이어지도록 마지막에 만나게 될 동물을 주인공으로 하면 좋다.

부록 「다」

미스터리 동물은 세 발가락 나무늘 보이다. 중남미의 열대 우림에서 생활하고 있다.

내 나무예요!

부처가 말하기를 '나무는 한없는 애정과 자비를 지니고 있고 인간의 정신을 고무시킨다. 나무는 사람의 마음을 차분하게 하고 영적, 창조적 영감을 제공한다.' 라고 했다.

〈내 나무예요!〉는 우리와 나무를 아주 인상적인 방법으로 연결해 준다. 두 사람씩 짝이 되어 한 사람의 눈을 가린다. 눈을 가리지 않은 사람(짝을 안내할 정도의 나이가 된 사람)이 안내인이 되어 숲에서 마음에 드는 나무로 말없이 안내한다. 가령 안내인이 눈 가린 아이를 인도하여 나무로 가면 아이는 이 나무의 껍질 느낌이 어떤지, 나무 둘레를 팔로 감싸보며 크기가 어느 정도인지, 나뭇가지나 잎이 어떤 상태인지를 탐색한다.

일본의 한 셰어링네이처 안내인은 종종 아이들에게 이렇게 말한다. "이 숲에는 여러분이 태어나기 전부터 여러분을 기다리고 있는 나무가 있습니다." 이 말에 감명받은 아이들은 영광스러워하며 자신의 나무를 몹시 만나고 싶어 한다.

눈 가린 짝이 나무를 충분히 조사하여 알게 되었으면 처음 출발했던 장소로 되돌아와 눈가리개를 푼다. 그리고 자신의 나무를 찾기 시작한다. 나무까지의 거리는 나이나 방향 감각 능력에 따라 다르겠지만 대체로 20~30미터 정도로 아주 어린 아이가 아니라면

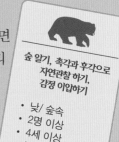

숲 알기, 촉각과 후각으로
자연관찰 하기,
감정 이입하기

- 낮/ 숲속
- 2명 이상
- 4세 이상
- 눈가리개

어른이나 아이는 눈을 가리지 않고 쉽게 찾을 수 있다.

마침내 내 나무를 만난 아이와 안내인의 얼굴은 기쁘고 놀라움에 신나서 상기된다. 마치 오랫동안 만나지 못한 친구와 재회하는 듯하다.

12살 미만 아이는 어른과 짝을 이루어야 한다. 아주 어린 아이 역시 어른의 안내가 필요하다. 어른은 아이의 안전을 염두에 두고 안내한다.

애벌레 산책

눈을 가린 활동은 시각 외의 감각을 일깨워 주의력을 강화한다. 〈애벌레 산책〉은 새 소리와 햇빛이 가득한 숲의 멋진 곳을 산책하거나 웅장한 경치를 감상하며 참가자 의식을 고양하기에 좋은 놀이다. 한 번은 참가자에게 그랜드캐니언의 첫 광경을 보여주기 위해 이 놀이를 해 보았다.

2~4명씩 나누어 한 줄로 세운다. (한 줄에 4명 이상이면 운영하기 어렵다.) 2~4명의 참가자는 모두 눈을 가리고 앞사람의 어깨에 양손을 올려서 한 마리 애벌레가 되어 움직인다. 어른이나 십 대 청소년이 맨 앞에 서서 안내인이 되어 애벌레 한 마리씩을 안내한다. 안내인은 눈을 가린 애벌레가 귀와 손을 사용해 조심하도록 도와주어야 한다. 도중에 특이한 나

시각 외의 감각으로 자연 관찰하기, 탐색하기

- 낮/ 어디서나
- 안내인 1명당 2~4명씩
- 10세 이상
- 눈가리개

무나 바위, 향기 나는 나무 등을 느끼도록 자주 멈추어 선다. 주위에 변화가 많을수록 좋은 산책로가 된다. 좀 더 많은 변화를 주기 위해 나무가 무성한 구불구불한 골짜기를 따라 걷거나 마른 습지를 걷기도 한다.

산책을 어느 정도 했으면 눈가리개를 풀고 주위의 멋진 광경을 보게 한다. 그리고 아이들이 걸어온 길을 다시 되짚어 출발 지점까지 찾아가게 한다. 그 전에 아이들에게 그림이나 지도를 그리게 하면 좋다. 걸어온 길과 주변의 느낌을 눈으로 본 것처럼 표현하는 것이다. 아이들은 지나온 습지나 거대한 바위 옆에서 들었던 소리나 냄새, 몸으로 느꼈던 것을 그림으로 표현한다. 발바닥에서 전해오는 폭신폭신한 느낌이 들면 여기가 습지고, 발에 돌이 차였다면 여긴 암석지대였음을 알게 될 것이다. 자신의 감각을 길잡이로 해서 출발 지점으로 돌아간다.

자연 속으로
떠나는 여행

　내가 진행했던 셰어링네이처 워크숍에
참석했던 헬렌은 케냐 조류 탐사 여행에서 있었
던 기분 좋은 얘기를 들려주었다. 그녀는 친구들
과 갈림길에 서 있었는데 5명의 마사이족이 다
가왔다. 헬렌은 자신이 찾고 있던 새가 이 근처에 서식하고 있는지 묻고
싶었으나 마사이족 언어를 전혀 할 줄 몰랐다.

　그녀는 조류 도감을 펼쳐 들고 자신이 말하고자 하는 새 그림을 마사
이족에게 보여 주었다. 마사이족은 미소를 짓더니 그 새의 흉내를 내면
서 새를 볼 수 있는 곳을 알려 주었다. 헬렌과 친구들은 그들의 정확한
안내에 감탄하며 몇 가지 그림을 더 보여 주었다. 마사이족은 새의 특이
한 행동을 흉내 내며 근처에 있을 만한 곳을 가리켰다. 어떻게 마사이족
이 야생 새에 관해 그렇게 잘 알고 있는지 놀라웠다.

　이번에는 마사이족이 도감의 그림을 보지 않고 그들이 아는 새의 동
작으로 보여 주었다. 이번엔 헬렌과 친구들이 아프리카 야생 새에 관한
지식을 보여 주어야 할 차례가 되었다. 헬렌과 친구들은 마사이족이 흉
내 내고 있는 새라고 생각하는 새 그림을 도감에서 보여 주었다. 헬렌의
대답에 다섯 명의 마사이족은 만족하며 환하게 웃었다.

　마사이 원주민의 주변 환경의 상세한 지식은 자연
과 함께 하는 삶에서 나온 것이다. 〈자연 속으로 떠나
는 여행〉은 특별히 마음에 드는 장소에서 자연에 자
신을 온전히 몰두하게 하는 기회를 제공한다. 땅의
소리에 귀 기울이고, 지역에 서식하는 생명체와

**탐험하기, 자연인식,
내면 들여다보기**

- 낮/ 자연환경
- 2명 이상
- 10세 이상
- 탐험자 안내서,
  연필, 초대용 카드,
  클립 보드

일체감을 이룬다.

〈자연 속으로 떠나는 여행〉탐험 안내인에서 발췌한 아래 활동은 자연환경에 집중하여 체험 강도를 높일 수 있다.

참가자에게 특별히 마음에 드는 나만의 야외 장소를 찾게 한다. 그곳에서 25분 정도 머물면서 장소에 이름을 정해 카드에 적는다. 나중에 이 카드로 초대장을 만들어 친구를 초청하고, 자신도 친구의 특별한 장소를 방문한다.

> **당신을 탐험에 초대합니다.**
>
> ## 키 큰 나무숲에 초대합니다.
>
> **안내인 김요한 입니다.**

탐험가들은 자연에서 느낀 즐거움과 새로운 발견을 주위 사람들과 함께 나눌 수 있다는 것을 깨달을 때, 더 적극적으로 자연체험에 몰입하게 된다. 나만의 장소를 나누는 것은 탐험가들을 위한 하이라이트이며 서로를 맺어주는 놀라운 방법이다.

다양한 생명체가 있는 안전한 곳에서 각자 마음에 드는 장소를 선택하고 정해진 시간에 모두 돌아오기로 약속한다. 어린아이나 야외 활동에 익숙하지 않은 어른이라면 시야에서 벗어나지 않도록 경계선을 명확하게 정한다. 탐험가 안내서와 연필, 활동지, 초대장을 나누어 준다. 안내서에 실린 활동을 간략히 설명하고 나만의 장소를 찾게 한다. 정해진 시간에 모두 돌아온다.

나만의 장소 소개하기:

아이들을 반으로 나누고 초대장을 모자에 넣는다. 자기 초대장을 가지고 있는 나머지 아이들은 모자에 들어있는 초대장을 한 장씩 뽑고 초대장을 만든 아이와 짝이 된다.

유진이가 지혜의 초대장을 뽑았다고 가정해 보자. 둘은 짝이 되어 유진이가 지혜의 카드를 갖고 지혜는 유진의 카드를 갖는다. 서로 초대장을 교환한 후에 나만의 장소를 소개한다. 15~20분 정도 나만의 장소에 머물면서 무엇을 느꼈는지, 발견했는지 등을 이야기한다.

둘의 이야기가 끝나면 다 같이 모여 지금까지의 활동을 다시 한번 확인한다. 장소의 이름, 그림, 시와 그 밖에 자기가 받은 영감 등을 다른 아이들에게도 소개한다.

탐험가 안내서

모든 체험을 할 시간이 없으므로 당신에게 큰 교감을 주는 가장 흥미롭고 특별한 장소를 나만의 장소로 선택한다.

첫인상 | 특별한 장소를 선택하고 그곳에 무엇이 있는지 여유 있게 산책한다.
그리고 가장 마음에 드는 곳에 앉아 다음 질문에 답한다.

　1. 당신이 선택한 장소에서 처음 눈에 띈 것이 무엇인가요?

　2. 이곳에 있으면 어떤 기분이 드나요?

무슨 소리가 들리나요? | 주위에서 들리는 교향악 소리에 귀 기울여 보자.
멀리서 들리는 소리에 집중하고 점점 가까이 들리는 소리를 의식한다.
바람결에 노래하는 나무 소리가 들리는가? 나무의 노랫소리가 들린다면 묘사해 보자.
다섯 가지의 다른 소리를 구별하고 그것을 누가 만들었는지 알 수 있을까?.

　1. _____

　2. _____

　3. _____

　4. _____

　5. _____

초대장 |나만의 장소에 맞는 이름을 선택해 보라

나만의 장소 이름은 _____입니다.

초대장에 당신과 장소의 이름을 적는다.

좋아하는 경치 그리기

당신이 좋아하는 경치를 찾아 그려 보자.
초대 손님에게 그림을 보여 주며 그림 속
경치를 찾아보게 한다.

당신 맘속에 웃음 짓게
한 것을 나누어 보자

시 쓰기

(인기 있는 시 쓰기 놀이는 다음 쪽에
볼 수 있다.)

버티컬 포엠

〈버티컬 포엠〉은 〈자연 속으로 떠나는 여행〉 활동과 연관된 인기 있는 탐험가 안내 활동이지만, 〈버티컬 포엠〉 활동만으로도 모둠의 유대감 형성을 위해 사용할 수 있다.

〈버티컬 포엠〉 활동을 하기 위해 꽃으로 가득한 들판이나 한적한 바다의 작은 만 등 당신이 가장 좋아하는 곳에서 주변 자연을 관찰한다. 자연을 즐기면서 자연이 들려주는 여러 가지 소리나 움직임, 촉감, 색깔 등을 느낄 수 있을 것이다. 이런 느낌을 담아낼 만한 단어 하나를 선택한다. 그리고 단어의 글자를 아래로 하나씩 나열하여 첫 글자로 연결해 한 줄씩 시를 쓴다.

자기표현,
내면 들여다보기

- 밤, 낮/ 야외, 실내
- 1명 이상
- 11세 이상
- 종이, 연필, 클립보드

단순한 구조는 시 쓰기를 쉽게 한다. 한 줄, 한 줄 공 들여 시 쓰기를 성공한 사람들이 감격하며 내게 신나서 외쳤다. "시를 쓰는 데 40년이나 걸렸습니다!"

나는 타이완에서 가파르고 좁은 길이지만 굉장히 멋진 계곡으로 80명의 참가자를 안내하고 있었다. 하지만 길이 너무 좁아 사람들이 다 함께 모일 수가 없었다. 〈버티컬 포엠〉은 이런 상황에 딱 맞는 놀이다. 깊은 계곡 속에서 80명의 참가자가 협곡 경치에 온전히 빠져들어 시 한 편을 써 내려갔다. 계곡에서 돌아온 참가자는 자신의 시를 읽어주었다. 시는 계곡에서의 체험을 아름답게 그려냈다.

〈버티컬 포엠〉은 우리의 마음을 가라앉히고, 주변 환경을 바라보며 몰입하게 한다. 나만의 장소에서 '키 큰 나무'에 대해 느낀 것이 있다면 다음과 같이 쓰면 된다.

키가 하늘을 찌를 만큼 솟아
큰 산 아래 우뚝 서 있는 나무,
나의 짧은 팔로 안을 수가 없어요.
무리 지어 날아가는 새들도 우릴 보고 인사합니다.

\<버티컬 포엠\>
내 느낌을 담은 단어로 멋진 시를 써 봅시다.

해 질 녘 관찰

해 질 녘, 장엄한 빛의 색이 어스름한 황혼의 마술 세계로 점차 변해 간다. 조용한 관찰자는 해 질 무렵의 마음을 사로잡는 다양한 사물의 변화를 통찰할 수 있다. 우리는 날마다 낮과 밤의 변화를 경험하지만, 이 활동은 주의 깊은 자기 주도 활동으로써 변화에 온전히 몰두하게 한다.

아래 항목은 각 참가자에게 주는 해 질 녘 변화의 목록이다. 안내인은 해지기 15분 전에 해지는 광경을 관찰하기 좋은 장소로 모둠을 데리고 가서 머무르고 싶은 만큼 머무른다.

계절과 장소에 따라서 다르겠지만 어떤 것을 관찰하면 좋을까? 아래 목록은 어디서나 일어나는 해 질 녘 변화를 보여 준다. 발견한 것을 목록에서 찾아 순서대로 기록한다. 예를 들어 가장 먼저 작은 새의 노랫소리가 잦아드는 것을 느꼈다면 '낮에 지저귀던 새 소리가 들리지 않는다.' 항목의 앞 빈칸에 1을 적

> **천문학, 야생동물의 생태 알기, 고요히 있기**
>
> • 일몰, 일출 / 어디서나
> • 1명 이상
> • 9세 이상
> • 관찰 용지, 연필, 손전등

는다. 잠시 후 부엉이와 야행성 새들이 울기 시작했다면 '부엉이나 밤새가 울거나 날아다닌다.' 에 2라고 적는다. 구름의 색이 점점 변해 가는 것을 나타낼 때는 변화하는 순서에 따라 한 개 이상의 변화를 적는다. 즉 구름이 붉게 변한 것을 다섯 번째로 느꼈다면 5, 여덟 번째라고 생각하면 8을 적는다. 정확한 순서를 놓쳤다고 걱정할 필요는 없다. 그냥 관찰하는 순서대로만 번호를 적어 나가면 된다.

어느 곳에서 관찰했는지에 따라서도 크게 다를 수 있다. 새 떼가 나무로 모여드는 것을 볼

수 있고, 어떤 동물을 발견하게 될지 알 수 없으며 물고기가 곤충을 잡아 먹으려고 물 위로 뛰어오르는 것을 보게 될지도 모른다. 이렇게 무언가 다른 것을 보게 된다면 '그 밖에 관찰한 것' 칸에 쓴다.

태양은 서쪽 하늘로 지지만 다른 각도에서도 잘 관찰해야 한다. 어둠 속에서 길을 잃지 않도록 손전등을 가지고 간다.

다음과 같은 흥미로운 사실을 알고 관찰하면 더욱 즐거울 것이다.

· 곰이나 고양이와 비교해 사람의 밤 눈은 얼마나 밝을까? 오늘날 우리는 원래 밤에 사용했던 시력을 거의 사용하지 못하고 있다. 그것은 주변을 온통 밝게 생활하기 때문이다. 밝은 곳에 있다가 갑자기 어두운 곳에 가면 본래 시력으로 돌아오기까지 45분 정도가 걸린다고 한다.

· 맑은 밤하늘의 어둠 속에서 우리는 2,000개 정도의 별들을 볼 수 있다. 하지만 사실은 몇 억, 몇 조 이상의 별들이 밤하늘에 떠 있다.

· 빛은 1초 동안 약 30만 킬로미터 정도를 움직인다. 어떤 별은 너무 멀리 있어서 그 빛이 우리가 있는 곳까지 도착하는 데 몇백 년, 몇 천 년, 몇백만 년이 걸리는 것도 있다.

· 별을 올려다보았을 때 우리가 본 그 아름다운 빛은 사실 몇백 년의 여행 끝에 도착한 빛이다.

해 질 녘 관찰

장소: _____ 날짜: _____

_____ 가장 먼저 보이는 별을 발견하다.

_____ 그림자가 길어지다.

_____ 박쥐가 날아다닌다.

_____ 동쪽에 있는 모든 것들이 밝게 빛나다.

_____ 낮에 보이던 색깔이 사라지다.

_____ 낮에 지저귀던 새 소리가 들리지 않는다.

_____ 산(바다)의 빛깔이 변화하다. (변화하는 모습을 써보자)_____

_____

_____ 서쪽 이외의 하늘이 어두워지다.

_____ 부엉이나 밤새가 울거나 날아다닌다.

_____ 모닥불이나 자동차, 건물의 불빛이 보인다.

_____ 구름의 색깔이 변화하다. (변화하는 모습을 써보자)_____

_____

_____ 태양이 지평선 아래로 지다.

_____ (당신이 있는 장소에서) 주위 그림자가 점점 없어지다.

_____ 밤벌레가 활발히 움직인다.

_____ 동쪽 산이 밤 그림자로 완전히 덮히다.

_____ 해가 지고, 하늘이 옅은 분홍색이나 보라색으로 변한다.

_____ 달이 뜨고 빛나다.

_____ 구름이 보이지 않는다.

_____ 북극성, 북두칠성, 남십자성이 나타난다.

_____ 추위를 느낀다.

_____ 바람의 세기와 방향이 변한다.

_____ 처음 별똥별이 나타난다.

_____ 그 밖에 관찰한 것: 예를 들어 인공위성을 보았다거나 개, 고양이

_____ 등 동물의 소리를 들은 것을 번호를 적어 순서대로 기록한다.

_____

눈을 가리고 할 수 있는 활동들

따스한 햇볕, 외로운 새의 울음소리, 공기 중에 떠도는 야생화 향기, 우리가 관심을 두고 맞이할 준비를 할 때, 이러한 것들이 우리에게 감동을 선사한다. 우리는 신체 감각 기관을 통하여 주변 환경을 인식한다.

오래전, 오하이오주 야외교육 센터의 자연주의자 한 분이 특별한 산책으로 아이들 모둠을 안내했다. 그 날 모임에 참가했던 나는 지금도 그때의 활동을 생각하면 절로 즐거워진다.

아이들과 우리는 남부 오하이오의 소나무 숲 단지 중 한 곳을 갔었는데 많은 아이가 그런 상록 수림을 본 적이 없었다. 하지만 안내인은 한껏 신이 난 아이들의 기운을 고조시켜 감동의 숲속 체험으로 능숙하게 풀어냈다. 먼저 안내인은 크리스마스트리 단지로 우리를 안내하더니 과장되게 팔을 펴며 반짝이는 눈으로 "여기는 소나무 단지입니다."라고 알려주었다. 하지만 아이들은 실망하며 "에이!" 하는 소리를 내뱉고 발을 질질 끌었다. 나무 크기가 아이들 키만큼도 되지 않았다.

안내인은 눈가리개로 우리 눈을 가리고 햇살 가득한 낙엽수 단지로 인도했다. 나뭇잎이 바스락거리는 소리와 새들의 지저귀는 소리는 우리를 즐겁게 했다. 잠시 후 철벅거리며 물 튀기는 소리가 들리자 안내인은 말했다. "여러분 앞에 좁은 다리가 있습니다. 한 번에 다리를 건너야 합니다." 첫 번째 소년이 용감하게 건너기 시작하더니 겁에 질린 비명이 들렸다. 앞에 도대체 무엇이 있는지 모른 채 우리는 불안해하며 기다렸다.

내 차례가 되어 다리에 첫걸음을 내디디고 더듬거리며 앞으로 나갔다. 아! 그도 그럴 것이 다리가 좌우로 흔들리고, 아래위로 출렁거리니

비명을 지를 수밖에 없었다, 나무와 밧줄이 내는 삐거덕거리는 소리 사이로 발아래에서 물이 세차게 흘러가는 소리가 들렸다.

반대편에 다다르자 아이들이 작은 손을 흔들며 나를 맞아주었다. 안내인은 아이들에게 눈가리개를 벗고 다리를 건너는 안내인을 보라고 했다. 나도 눈가리개를 벗고 보니 공중에 매달린 아주 튼튼한 다리가 있었다. 얼마나 많이 사용했는지 난간이 반질반질했다. 우리는 다시 눈을 가리고 산책로에 들어섰다. 곧 바스락거리던 마른 잎 대신 부드럽고 폭신한 소리가 들렸다. 그리고 어두운 그림자가 우리를 둘러싼 것 같은 깊은 고요를 느꼈다. 한 아이가 적막한 침묵을 깼다. "여기가 도대체 어디지?"

자연주의자 안내인이 우리에게 "등을 대고 누우세요. 특별한 느낌은 무엇일까요?"라고 말했다.

우리가 잠시 평화로운 고요함에 편안히 잠겼을 때, 안내인은 눈가리개를 벗으라고 했다. 수많은 소나무가 하늘을 향해 뻗어 있었다. 내 영혼도 나무와 함께 솟아올랐다. 누워있는 한 사람, 한 사람에게 이 같은 극적 체험을 제공한 안내인의 탁월한 지혜에 놀랐다. 나는 숲에서 이런 감동적인 체험을 해 본 적이 없었다. 아이들도 감격했다. 우리는 마지막으로 자리에 앉아서 방금 경험한 감격을 조용히 나누고 숲으로 다시 가서 나무를 만져 보고, 하늘로 치솟아 오른 숲을 올려다보았다.

눈을 가리고 하는 활동은 우리의 마음과 감각을 일깨워 고조시키는 독특한 효과가 있다. 시각은 우리의 주요한 감각 기관인데 그것이 제거

되었을 때 평상시 많이 사용하지 않는 청각, 후각, 촉각 등이 되살아난다. 감각의 자각 능력이 고양될수록 느낌이 더욱 생생해진다.

눈 가리고 걷기

　〈눈 가리고 걷기〉는 쉬운 놀이이지만 그 효과는 매우 심오하다. 안내인은 눈을 가린 짝의 감각을 일깨울 수 있도록 자갈이 깔린 바닷가, 사방으로 뻗은 떡갈나무 단지, 양치식물이 가득한 계곡, 흔들다리 등 특이한 소리나 냄새가 나는 곳으로 안내한다. 안내인은 특별히 짝이 관심 있는 자연물에 가까이 가면 짝이 직접 만지고, 듣고, 냄새 맡게 한다. 주변 환경의 느낌을 오감을 통해 느끼면 마음이 차분해져서 참가자는 더욱 생생한 삶을 체험한다.

시각 이외 감각으로 자연 관찰하기, 신뢰감 키우기

- 낮/어디서나
- 2명 이상
- 7세 이상
- 눈가리개

　먼저 두 사람이 짝을 만든다. 활동을 시작하기 전에 누가 안내인이 되고, 누가 눈을 가릴지를 정한다. 아이와 어른 또는 십 대 아이와 어른이 짝이 된다. 안내인이 눈을 가린 짝의 안전을 책임지며 짝의 눈이 됨을 확실히 각인시킨다.

　어떻게 짝을 안전하게 안내할 것인지 실제로 시범을 보여 준다. 바로 짝의 옆에 서서, 손을 꽉 잡고 구부린 팔꿈치에 짝의 팔목을 딱 갖다 붙인다. 이 자세로 안내인은 눈 가린 짝과 밀접하게 연결되어 편안히 길을 안내한다. 안내인이 주위에 쓰러져 있는 통나무, 나뭇가지, 바위, 기타 위험한 물건을 조심한다.

길 잃은 애벌레

안내인은 눈 가린 짝을 특별한 야외 장소로 데리고 간다. 기묘한 바위, 나무, 이끼 낀 제방을 타고 폭포가 되어 흐르는 냇가 등이 해당한다. (눈 가린 짝은 쾌적하고 안전하게 이 장소를 탐험할 수 있어야 한다.) 두 사람은 주위의 바위나 나무, 식물 등을 만지며 탐색한다. 햇살, 바람을 느끼고 주위의 소리에 귀 기울인다. 출발한 곳으로 되돌아가기 전에 안내인은 눈을 가린 짝에게 마음속에 주변을 그려 보게 하여 상상력과 기억력을 자극한다. 돌아오면 눈가리개를 벗고 시각을 제외한 다른 감각으로 그 장소에서 무엇을 찾아냈는지 물어본다.

탐색하기, 방향 감각 키우기, 시각 이외의 감각으로

- 낮/어디서나
- 2명 이상
- 10세 이상
- 눈가리개

참가자가 특별한 장소를 탐험하고 돌아올 때, 모두 침묵해야 한다. 안내인은 참가자에게 "눈을 가리고 집중하면 할수록 눈을 뜬 후에 주위의 사물 찾기가 더욱 쉽습니다."라고 말한다.

이 놀이를 하기 전에 독이 있는 식물이나 곤충, 기타 해로운 것이 없는지 반드시 확인한다.

밧줄 따라
숲속 여행

이 활동은 45~55미터 길이의 밧줄과
상상력으로 참가자에게 신비한 탐험의 체험을 제공
할 수 있다. 고목과 이끼로 뒤덮인 바위, 죽은 통나
무처럼 매혹적인 자연물과 다양하고 미세한 공기
같은 깨끗한 장소의 산책로를 선택한다. 눈을 가린 여러 명의 참가자가
줄을 따라갈 수 있도록 산책로를 따라 밧줄을 매 둔다. 가까운 곳에 위험
한 식물이나 곤충 서식지, 바위 틈새에 뱀이 숨어 있지 않은지 살펴 두어
야 한다.

시각 이외 감각으로 자연 관
찰하기, 신뢰감 키우기

- 낮/어디서나
- 2명 이상
- 9세 이상
- 눈가리개, 밧줄

도시공원이 이 놀이에 적당한 곳이 될 수 있다. 눈을
가리고 움직이는 것은 우리의 감각을 고양하여 단순
한 산책을 매력적인 활동으로 만든다.

안내인은 튼튼한 나무를 골라 참가자의 평균 허리
높이로 밧줄을 묶는다. 밧줄이 참가자의 어느 쪽
으로 가게 할 것인지, 오른쪽 혹은 왼쪽으로 가게 하여 출발시킬 것인지
를 생각하고 참가자가 꼭 정해진 쪽에서 출발하도록 안내한다. 선택한
쪽에 나뭇가지나 돌멩이, 다른 장애물이 없는지 확인한다.

허리 높이의 밧줄에 이따금 변화를 준다. 예를 들어 돌멩이나 통나무
밑으로 기어가게 하여 땅바닥에 있는 자연물을 만져 보게 한다. 팽팽한
밧줄은 눈을 가린 참가자가 준비된 산책로를 벗어나 숲이나 다른 장애물
로 들어가는 것을 막아 줌으로 밧줄의 팽팽함을 유지하기 위해 중간에
있는 튼튼한 나무나 안정된 물체에 묶는다. 밧줄을 땅바닥 높이로 하려
면 텐트설치용 말뚝으로 고정하고 줄을 묶는다.

마음이 들뜬 아이는 산책로를 따라 내달리고 싶을 수도 있지만, 대부분은 천천히 걸으면서 팔이 닿는 곳의 모든 것을 만지고 느끼며 〈밧줄 따라 숲속 여행〉 놀이를 즐길 것이다.

이럴 때 안내인은 나무 몸통에 줄을 한 바퀴 감거나 가장 굵은 나뭇가지에 줄을 묶어 아이들이 새로운 체험을 하도록 탐사를 연장할 수 있다. 산책로를 따라 다양하고 흥미를 끌 만한 사슴뿔이나 이끼 낀 돌멩이 등 모양이나 질감이 특이한 물건을 설치한다.

놀이에 참여하는 동안 따스한 햇볕을 느끼며 지저귀는 새소리를 듣고, 숲속에서 노래하는 바람 소리를 들으며 조용히 걸을 수 있는 장소는 참가자에게 차분한 마음을 오랫동안 유지하게 한다.

〈밧줄 따라 숲속 여행〉 놀이방법:

- 놀이를 자연스럽게 진행하고 참가자의 안전을 도모할 4명 이상의 책임 있는 도우미를 선정한다. 출발점과 끝나는 지점에 도우미 한 명씩을 배치한다. 필요하면 중간에 두세 명의 도우미를 배치하여 아이들이 산책길 따라 걷는 것을 도와준다.
- 참가자를 산책로에서 좀 떨어진 곳에 모이게 하여 놀이를 시작하기 전에 참가자가 줄로 연결된 산책로를 볼 수 없게 한다.
- 놀이를 시작하기 전에 이야기를 들려주거나 조용한 활동으로 참가자가 오감을 모두 열고 걸을 수 있는 분위기를 만든다.
- 〈애벌레 산책〉과 같은 방법으로 안내인은 출발점에서 한 번에 4명씩 눈 가린 참가자를 인도한다.
- 참가자를 밧줄의 왼쪽으로 걷게 한다면 오른쪽에 도우미를 배치하여 참가자가 반드시 왼쪽으로 가도록 지도한다. 안내인은 아이들이 〈밧줄 따라 숲속 여행〉을 통해 가능한 한 다양하고 많은 탐험과 체험을 하도록 격려한다. 20초 간격으로 한 명씩 출발하게 한다. 적당한 거리를 떼어 놓으므로 참가자는 자기만의 안정된 공간을 확보한다.
- 걷기를 마치면 조용히 앉아 아직 산책로를 걷고 있는 참가자를 관찰하거나 감시자가 되어 본다. 모든 참가자가 걷기를 마치면 눈가리개를 벗고 다시 걷는다.

상상 여행

전설에 의하면 아서 왕은 소년 시절에 위대한 마술사인 멀린에게 교육을 받았다고 한다. 멀린은 생명에 관한 것은 자연에게 배우는 것이 가장 좋은 방법이라는 것을 알고 있었기 때문에 어린 아서를 위해 마법의 힘으로 여러 종류의 동물, 물고기, 매, 개미, 오리와 오소리 등으로 변신시켜 그들의 기분을 깊이 이해하게 하였다.

〈상상 여행〉은 다른 생명의 본질로 들어가는 놀라운 연결 고리다. 자연을 감성과 이성으로 체험하면 자연에서 그들과 함께 강렬한 기쁨을 느낄 수 있는 진정한 자연의 선물이다.

〈상상 여행〉은 뛰어난 상상력을 발휘하여 자연과 깊은 일체감을 느끼면 느낄수록 작은 것이라도 확실히 기억나게 하는 놀이이다. 따라서 생동감 있고 선명하게 이야기를 하려면 오감에 호소해야 한다. 시각, 청각, 미각 등으로 가득 찬 이야기는 참가자에게 언제까지나 기억될 것이다. 자연풍경을 상상할 충분한 시간을 주고 적당한 배경음악을 준비하면 분위기가 한결 좋을 것이다.

(나는 주로 베토벤의 '전원', 비발디의 '사계', 파헬벨의 '캐논'을 사용한다.)

〈상상 여행〉이 더욱 효과적이려면 숭고한 생각과 이상 세계로 인도하기 위해 듣는 사람의 이미지가 고양되도록 당신의 이미지 또한 확장되어야 한다.

과학자 대부분은 나무가 자신의 존재를 느낄 수 없다고 생각하여 의인화하는 것을 피했다. 반대로 많은 시인은 옛날부터 풀이나 나무도 인

간들과 같은 마음이 있다고 노래해 왔
다. 중요한 것은 어느 것이 맞느냐 틀
리느냐가 아니라 우리 자신이 나무가
되어 나무의 삶을 간접경험 하면서 무
엇을 느끼느냐가 중요하다.

　　다음에 소개하는 상상 속에서 참가
자는 활엽수 나무가 되어 본다. 안내인은 어떻게 나무뿌리가 땅속 깊이
뻗어 나가고, 가지가 하늘 높이 퍼져 가는지 이야기한다. 다 자란 나무는
수많은 식물과 동물에게 쉼터를 제공한다. 나무는 덥고 추운 사계절의
변화를 완화해 숲의 모든 생명체에게 편안한 삶의 터전을 만들어 준다.
단 한 그루의 나무라도 생명 사회의 공동체를 실제로 지탱하며 영양분을
공급한다. 한 그루 나무의 일생을 살아보는 것은 다른 생명에게 마음을
열고 공감할 수 있는 놀라운 경험이다.

　〈상상 여행〉을 할 때는 특별한 식물, 동물, 자연 현상으로부터 안내인
스스로가 어떤 법칙이나 교훈을 얻을지 상상해야만 참가자가 그 교훈을
알 수 있다.

　　내면의 강인함은 내가 특별히 감탄하는 나무의 성질 중 하나이다. 나
무는 자신이 서 있는 장소에서 도망갈 수 없다. 단단히 버티고 서서 겨울
의 거센 바람을 견뎌 내야 한다. 바람이나 화재, 벼락을 참고 견뎌 내는
동안, 뿌리는 나무를 그 자리에 단단히 고정시킨다. 「나무의 일 년」을 해
보면 나무가 매서운 날씨에도 굴하지 않고 당당히 서서, 땅 아래로 깊이
뿌리를 내리는 강인한 존재임을 느낄 수 있다. 사람이 사는 방법과 나무
가 살아가는 방법을 비교해 보는 것도 좋다. 참가자가 나무가 되어 보면
시련이나 고난에도 꺾이지 않는 내면의 강인함을 느끼게 된다.

나무의 일 년

〈나무의 일 년〉은 이 책에 소개된 활동 중에 자연환경 인식과 윤리관을 위한 가장 효과적인 활동이다. 참가자가 나무가 되어 온전히 숲의 삶에 스며들어 배려와 기쁨의 조화에 감격하고 고귀한 덕목을 나타내는 것을 보면 마음이 따뜻해진다. 「나무의 일 년」은 실내나 야외에서 할 수 있다. 야외에서는 활엽수 밑의 넓게 트인 장소를 선정한다. 될 수 있으면 큰 나무 밑이 좋다.

참가자는 눈을 감고 안내인의 이야기가 잘 들리는 나무 밑에 흩어져 선다. 참가자는 봄, 여름, 가을, 겨울, 나무의 일 년 생활을 지금부터 체험하기 위해 나무가 되려고 한다.

안내인이 나무의 일 년을 얘기하는 동안 '나무'가 된 참가자는 손을 가지처럼 벌려도 좋고, 눈을 감고 조용히 서서 마음속에 나무를 떠올려도 좋다. 아이는 손을 올려 이리저리 움직이면 산만한 분위기를 누그러뜨릴 수 있다.

나무 이해하기, 나무 생태 배우기, 숲과 생물학적 이입

- 낮, 밤/어디서나 (가능하면 활엽수 근처)
- 2명 이상
- 5세 이상
- 음악 재생기와 CD, MP3 (필요하다면)

만약 안내인이 이야기를 다 외우지 못했거나 모두 읽어 줄 시간이 없더라도 걱정할 것은 없다. 일 년의 나무 생활 가운데 두, 세 가지 정도의 특징만 기억한다면 상황에 맞추어 임기응변으로 여러 가지 이야기를 할 수 있기 때문이다. 오랜 시간 집중하지 못하는 아

이나 참가자에게는 이야기를 짧게 한다. 〈나무의 일 년〉을 이끄는 당신의 노련함이 회를 거듭하며 발전하게 될 것이다.

〈나무의 일 년〉 나레이션
선택한 나무 밑에 모둠별로 서면 「상상 여행」을 시작합니다.

눈을 감아주세요.

나무는 지구의 모든 생명체에게 아주 소중합니다. 나무는 이 세상 산소의 절반가량을 만들어냅니다. 나무는 무수한 생명에게 먹을 것과 보금자리를 마련해줍니다. 겨울에는 주위 기온을 따뜻하게 해 주고, 여름에는 그늘을 만들어 숲의 모든 생명체에게 쾌적한 환경을 만들어 줍니다. 나무는 우리에게 아름다움과 고상함, 강인함과 고요함 등을 가르쳐 줍니다.

나무처럼 강인함과 불변함을 느끼기 위해 어깨너비만큼 다리를 벌리고 서 보세요. 당신 앞에, 뒤에, 왼쪽으로, 오른쪽으로 펼쳐진 숲을 상상으로 그려 보세요. 당신의 눈이 닿는 저 멀리까지, 당신은 숲에 둘러싸여 있습니다.

당신의 다리와 발을 타고 거대한 뿌리가 땅속 깊이 뻗어갑니다. 뿌리가 1미터, 2미터 뻗어가는 것을 보세요. 점점 자라서 바위를 휘감으며 당신을 꽉 붙잡고 땅속으로 뻗는 뿌리를 느껴보세요.

이제는 땅 표면 바로 아래에서 여러 방향으로 잔뿌리가 뻗어갑니다. 3미터, 9미터, 10미터, 저 너머로 뻗어갑니다. 땅 아래에서 구석구석 빈틈없이 뻗어갑니다.

하늘 위로 나무가 솟아 있듯이 땅속으로도 나무가 뻗어 있습니다. 뿌리가 얼마나 단단히 땅을 붙잡고 있는지를 느껴보세요. 몸을 앞뒤로 우아하게 흔들어 보세요.

당신의 커다란 가지가 얼마나 크고 굵은지 마음의 눈으로 보세요. 껍질이 매끄럽습니까?, 꺼칠꺼칠합니까? 어두운색입니까? 밝은색입니까? 이번에는 마음속으로 당신의 가장 굵은 가지를 따라 위로 올라가 보세요. 점점 잔가지로 나뉘어 끝이 뾰족한 가지가 하늘로 뻗은 것을 볼 수 있습니다.

당신의 잎사귀는 어떤 것입니까?, 널찍하고 끝이 뾰족합니까? 아니면 작고 동그랗습니까?

지금은 여름이라 낮이 길고 따뜻합니다. 상쾌한 산들바람이 부니 가지가 앞뒤로 흔들립니다. 팔을 뻗어보세요. 당신의 잎사귀들이 모두 햇빛을 듬뿍 받고 있습니다. 햇빛과 공기를 흡수한 잎사귀는 생명의 자양분을 만들어냅니다. 그리고 만든 양분을 가지와 줄기로 보냅니다. 양분이 저 아래에 뿌리까지 공급되는 것을 느껴보세요.

대지 깊숙이 뻗은 잔뿌리를 통해 물을 흡수합니다. 잔뿌리는 땅속으로 퍼져나가 주위 흙에 닿아 수분을 빨아올립니다. 처음에는 작지만, 나중에는 큰 강처럼 물이 흐르는 것을 느낍니다. 이제 수분은 줄기를 올라와 가지를 통해 잎으로 갑니다. 자양분도 계속해서 햇빛으로부터 받습니다. 당신도 햇빛을 받아 양분을 만드는 것을 느껴보세요. 한편 수분은 잎에서 주위 공기 속으로 미세한 입자가 되어 퍼져나갑니다.

지금은 가을입니다. 해가 짧아지고 햇빛도 약해집니다. 당신의 일생이 서서히 진행되더니 양분 생산도 마침내 멈추었습니다. 날씨가 추워지면 잎 속의 양분이 가지에서 줄기로, 뿌리까지 아래로 내려갑니다. 양분은 내년 봄까지 뿌리 속에 저장됩니다.

수분이 빠지면서 잎이 선명한 색깔을 띠기 시작합니다. 당신의 잎은 무슨 색입니까?, 빨간색, 노란색, 주황색 혹은 황금빛입니까?, 가지에 매달려 있는 눈부신 색깔의 잎을 살펴보세요. 당신 주위에 노랗고 빨갛게 옷을 바꿔 입은 나무를 돌아보세요.

폭풍우 머금은 구름이 지평선을 덮더니 하늘이 어두워집니다. 바람이 가지 끝을 흔들기 시작합니다. 굵은 빗방울이 잎사귀 위로 뚝뚝 떨어집니다. 사나운 바람이 숲으로 거세게 몰아치며 달려있던 잎들을 떨어뜨려 땅바닥에 내동댕이칩니다. 땅을 보세요. 당신 옆에 서 있던 나무에서 떨어진 잎들로 가득합니다.

더 큰 폭풍우가 바다에서 불어 닥칩니다. 가까이 다가오는 폭풍우 소리를 들어보세요. 강력한 돌풍이 가지를 삐걱삐걱 흔들어 댑니다. 성난 바다 위를 떠다니는 작은 배처럼 당신은 앞으로, 뒤로 흔들립니다. 굵은 원뿌리와 곁뿌리만이 당신이 땅으로 내동댕이쳐지는 것을 막아 줄 수 있습니다.

폭풍우가 가라앉고 바람이 잠잠해집니다. 숲은 다시 고요합니다. 당신 가지에 달렸던 잎이 거의 떨어졌습니다. 땅은 온통 주황과 노랑, 빨강색입니다. 한 잎, 한 잎 그리고 마지막 남아있던 한 잎도 가지에서 떨어져 땅 위로 데굴데굴 굴러갑니다. 기온이 내려가고 눈이 오기 시작합니다. 가지에 눈이 쌓입니다. 어두워지는 잿빛 겨울 하늘을 배경으로 당신이 서 있는 모습은 한 폭의 아름다운 그림 같습니다.

겨울 숲은 평온하고 조용합니다. 그저 몇 마리의 용감한 새 소리만 들릴 뿐입니다. 많은 새와 포유동물은 겨울을 나기 위해 따뜻한 곳을 찾아 떠났습니다. 당신도 나무껍질 안쪽에 겨우 1퍼센트의 살아 있는 조직을 남기고 잠이 들었습니다.

겨우내 당신은 죽은 듯 서 있습니다. 하지만 당신의 조그만 꽃봉오리 속에서는 벌써 다음 해의 잎과 꽃을 준비합니다. 단단한 껍질이 겨울 추위와 건조함을 막아냅니다. 이 눈은 머지않아 찾아올 새해를 위한 새로운 생명입니다. 웅크리고 앉아봅시다. 무릎 꿇어 어린 새싹이 되어 봅시다. 당신은 엄마 배 속의 아기처럼 탄생을 기다리고 있습니다.

시간이 지나 대지에 따뜻한 온기가 퍼집니다. 해가 길어지고 따뜻해지니 뿌리 깊이 저장되어 있던 양분이 부드럽게 잠을 깨고, 푸른 나뭇잎을 부르르 떨고 있는 가지 끝으로 앞다투어 높이 올라갑니다.

지금 아주 작은 봄 잎사귀가 천천히 잠에서 깨어 기지개를 켭니다. 태양을 향해 한껏 잎을 크게 벌리고 햇빛을 받아들입니다. 나무의 나머지 부분에도 영양분을 보냅니다. 나무에 달린 수많은 잎이 태양에서 받은 에너지와 생명력을 모아 나무로 전합니다.

봄은 놀랍게 성장하고 소생하는 시기입니다. 99퍼센트의 조직이 되살아났습니다. 당신의 가지 끝이 위로 뻗습니다. 뿌리는 잘 자라 다시 땅속으로 들어갑니다. 뿌리와 가지는 끝에서부터 자랍니다. 그리고 당신의 줄기도 조금씩 커집니다.

당신이 소생함으로써 생물들이 숲으로 돌아왔습니다. 새들도 가지에

와 앉습니다. 작은 새가 날아와 앉도록 가지 하나를 내밀어봅시다. 땅에서 야생화가 얼굴을 내밀고 사슴과 토끼가 당신 아래에서 당신을 바라봅니다.

모든 숲의 생명체는 먹을 것과 살 곳 그리고 행복도 당신에게 의지합니다. 존 뮤어는 말했습니다. "숲속은 진정으로 사랑이 넘쳐흐르는 곳이다." 숲속의 온갖 생물을 보호하고 사랑하는 마음으로 가지를 벌려봅시다. 아름다움과 조화 속에서 하나의 생명을 나누고 있음을 느껴보세요.

안내인: 모두 눈을 감고 땅에 등을 대고 똑바로 눕습니다.
　　　　이제, 나무의 각 부분에 대한 시를 낭송하겠습니다.

내 뿌리는
습기 찬 땅을 뚫고
깊이깊이 들어가
내 몸을 지탱한다.

눈을 뜨고 큰 나무의 줄기와 가지를 올려다보세요.

나의 둥근 줄기는
빈틈없고 강인하지만,
부드러워서 풍성한
생명의 양식을 나른다.

나의 긴 가지는
태양 빛을 받아
바람에 살랑거리고
하늘로 뻗어 간다.

온갖 생물들이
내 속에, 내 밑에 보금자리를 만든다.
숲의 생명체들이여, 내 품에 안기라.

나의 뿌리는 깊이 닻을 내리고 ,
가지는 높이 뻗어 나간다.
나는 대지와 하늘,
두 세계에서 살고 있다.

참가자는 그대로 누워 쭉쭉 뻗은 가지를 올려다본다. 안내인은 하즈라트 이나야트 칸 Hazrat Inayat Khan의 어록을 읽는다.

"내 마음은 자연의 영감이 평온한 고요 속으로 향합니다."

계속해서 안내인이 말한다.:
숲의 나무였던 여러분은 이제 모두 일어나세요. 이 체험을 표현할 낱말이나 단문 3개를 생각해보세요. 준비되면 동시에 큰 소리로 단어나 단문을 말합니다.

나무가 되어 주위 다른 생명체들과 교감하고, 몸을 관통하는 생명의 기운을 감지하고, 사계절을 겪은 참가자의 이야기를 듣는 것은 아름다운 일이다. 아래의 단어들은 참가자들이 자주 언급했던 낱말들이다.

원상회복 　　　　즐거움 　　　　활기찬

순환하는 　　보살핌 　　　평화로운 　　상호 연관

조화 　　　영향력 　　변화의 흐름

완전함 　　　생동감 　　　치유

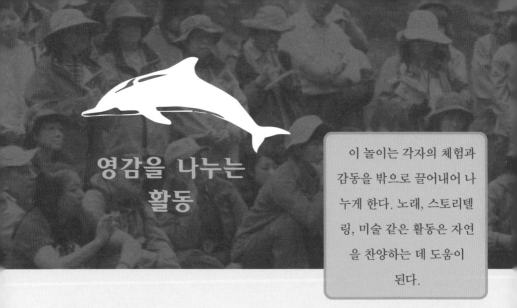

영감을 나누는 활동

이 놀이는 각자의 체험과 감동을 밖으로 끌어내어 나누게 한다. 노래, 스토리텔링, 미술 같은 활동은 자연을 찬양하는 데 도움이 된다.

해 질 녘, 나와 우리 모둠은 새 떼로 가득한 드넓은 습지를 바라보고 있었다. 우리는 오랫동안 지는 해를 바라보았다. 지평선 아래로 해가 사라지자 우리가 함께 보낸 오늘의 특별한 감동과 체험을 기념하기 위해 무언극으로 표현해 보았다.

12살 여자아이인 수지가 선착
장 위로 올라가더니 나를 향해 머
리 위로 두 손을 깍지 끼고 동그랗
게 팔을 구부렸다.

수지는 잠시 미소 짓더니 천천히 선착장 뒤편으로 돌아 나아갔다. 지
는 해를 완벽하게 재현한 그녀의 모습에 모두 감동하였다. 우리가 잠시
전에 나누었던 아름다운 순간을 다시 상기시켜주었다.

특별한 순간들

　참가자는 계속 이어지는 활동으로 자연에서 순간순간 숭고한 체험을 한다. 〈특별한 순간들〉은 가끔 혼자 간직한 채 묻혀버리는 경험을 드러내서 자연과 사람에게 감사의 마음을 나누도록 촉진한다.

　모둠이 둥글게 앉아서 함께 하는 동안 감동한 것이나 재미있었던 일을 생각하게 한다. 특별한 순간을 나누고 싶은 참가자가 있으면 한 사람씩 자기 경험을 표현한다.

> 모둠의 연대감 강화
> - 낮/어디서나
> - 10명 이상
> - 11세 이상
> - 없음

　참가자는 자기 경험을 말없이 간결한 몸짓으로 표현하면 관객은 몸짓을 통해 주인공이 설명하기를 조용히 기다린다. 만약 관객이 미소를 짓거나 웃는다면 주인공은 따로 설명할 필요가 없다. 안내인이 먼저 자신의 특별한 경험의 순간을 표현해 봄으로써 놀이를 시작할 수 있다.

　참가자가 즐겁게 재현한 것은 동물 관찰, 신비스러운 일몰, 명상 산책이나 친구와 함께했던 즐거웠던 순간 등이었다.

자연 명상

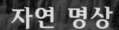

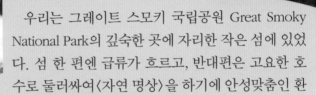

　우리는 그레이트 스모키 국립공원 Great Smoky National Park의 깊숙한 곳에 자리한 작은 섬에 있었다. 섬 한 편엔 급류가 흐르고, 반대편은 고요한 호수로 둘러싸여 〈자연 명상〉을 하기에 안성맞춤인 환상적인 곳이었다. 우리 50명은 섬의 경관에 모두 넋이 나가고 말았다. 몇몇은 개울가 바위에, 몇몇은 호수가 보이는 나무 밑에 자리를 잡았다. 모두 편안한 마음으로 정신을 집중하였다. 각자에게 영감을 주거나 정신을 집중하게 하는 글이 적힌 카드 한 장씩을 골랐다. 이처럼 사람들이 자연 속에서 영감을 끌어내기 위해 열중하는 진실한 모습을 보는 것만으로도 내 마음이 푸근해진다. 자연과 조용한 교감을 나누기 위해 50명이나 되는 많은 사람이 독특한 분위기 속에 있었다. 그리고 자신이 느끼고 깨달은 것을 나누었다. 〈자연 명상〉은 명상의 분위기를 연장하고 참가자 간의 깊은 나눔을 북돋우기에 아주 좋은 활동이다.

　〈자연 명상〉을 하려면 안내인은 미리 영감을 불러일으킬 만한 구절을 모아 한 구절씩 카드에 옮겨 적는다. 구절은 경험에서 우러나오는 활동적인 내용이 좋다. 안내인은 참가자의 정신뿐 아니라 마음에도 도움을 주길 바라는 마음으로 너무 추상적이거나 관념적인 것은 피한다.

　나의 책 『자연의 소리 듣기 Listening to Nature』와 『나를 품은 하늘과 땅 The Sky and Earth Touched Me』에서 좋은 구절을 찾아볼 수 있다.

훌륭한 자연주의자의
어록을 통해 자연 느끼기

* 낮, 밤/자연환경
* 1명 이상
* 15세 이상
* 자연주의자의
　어록 카드

　다음 구절과 활동은 『자연의 소리 듣기 Listening to Nature』에서 발췌한 것이다.

1.
"대 자연 속으로 갈 때 우리를 감싸고 있는 문제는
갖고 가지 말자. 즐거움을 잃게 될 것이다."

- 시거드 울슨 Sigurd Olson -

마크 트웨인이 '만일 휴가를 가고 싶다면'이라는 질문을 받았다. 그는 "가고 싶습니다. 그저 이 친구와 함께 아니라면"이라고 답했다. 휴가를 갈 때 우리도 마크 트웨인같이 이따금 이 '친구'를 데리고 간다. 근심, 걱정은 우리를 따라 다닌다. 대 자연으로 나갈 때는 일상의 문제를 내려 놓고 떠나라. 근심 걱정을 벗어 던지면 자연이 주는 재생력을 체험하게 될 것이다.

2.
"내 마음은 자연의
고요 속에서 평온해진다."

- H.I.칸 H.I.Khan -

혼자 있을 만한 조용한 장소를 찾아 주위 소리에 귀 기우려 보라. 그리고 소리와 소리 사이의 고요함에 귀 기울여 보라. 마음이 안정되지 않으면 위의 글을 몇 번 반복해 읽는다. 지금, 이 순간의 평온함을 경험할 수 있을 것이다.

3.
"거룩한 대지인 어머니, 나무와 모든 자연은
당신 생각과 행동의 목격자입니다"

- 위네 바고 인디언 기도 Winnebago Pray -

보이지 않는 숲의 정령이 수많은 자연의 모습으로 우리 눈앞에 드러

난다. 산책하면서 대지와 창조주에게 존경을 표하는 위네 바고 인디언의
기도를 되새긴다. 동물, 식물, 바위나 멋진 경치를 마주하면 잠시 걸음을
멈추고, 조용히 당신이 느낀 환희와 아름다움에 대하여 창조주에게 감사
를 드린다.

　놀이방법: 참가자는 혼자 있을 만한 조용한 장소를 찾는다. 아름다
운 곳에 앉아 있으면 카드에 적힌 글을 읽고 영감에 집중할 수 있다. 참
가자가 준비되었으면 안내인은 카드를 뒤집어 놓고 참가자에게 한 장의
카드를 고르게 한다. 선택한 글이 자신에게 의미 있는 구절인지 확인한
다. 만약 카드의 글이 마음에 와닿지 않는다면 다른 것으로 교환한다.
10~15분 정도 명상을 한 후에 참가자를 한자리에 모은다. 동그랗게 둘러
앉아 어떤 느낌을 받았는지 나눔의 시간은 갖는다.

이어서 시 쓰기

〈이어서 시 쓰기〉는 참가자가 자연에서의 체험을 나눈 후에 하면 좋다. 이 놀이는 원래 노스캐롤라이나 주의 한 학교에서 만든 활동이다.*

놀이방법: 먼저 3~4명의 아이로 각 모둠으로 나누고 연필과 종이를 나누어준다. 모둠의 아이들은 자신들의 체험을 시로 써 내려간다. 예를 들어 야생에서 보낸 일주일이나 〈나무의 일 년〉 활동, 신기한 동물 체험 등이 시의 주제가 될 수 있다.

1. 첫 번째 사람이 시 한 줄을 쓴다. 그리고 두 번째 사람에게 건넨다.
2. 두 번째 사람은 첫 번째 사람이 쓴 시 한 줄을 읽고 응답하여, 아랫줄에 시 한 줄을 더 쓴다. 그리고 첫 번째 사람의 시가 보이지 않도록 종이를 접어서 세 번째 사람에게 건넨다.
3. 세 번째 사람은 두 번째 사람이 쓴 시 한 줄만 읽고 이어서 아래에 시 한 줄을 더 쓴다. 그리고 두 번째 사람의 시가 보이지 않도록 종이를 접어 다시 첫 번째 사람에게 건넨다.
4. 첫 번째 사람은 세 번째 사람이 쓴 시 한 줄을 읽고 맨 마지막에 시 한 줄을 적는다.

참가자는 저마다 시의 아주 짧은 부분밖에 모르는 상태에서 시를 이어 써 내려 간다. 이 활동의 묘미는 시를 통해 모둠의 체험을 함께 나누는 데 있다. 참가자는 작품에 흐르는 체험의 연속성과 생명력에 놀라워 할 것이다.

> 우정 나누기,
> 마음속 들여다보기
> • 낮, 밤/ 어디서나
> • 3명 이상
> • 10세 이상
> • 연필, 종이

*Larry Crenshaw and the North Carolina Outward Bound School. Earth Book(Birmingham, AL:Menasha Ridge Press,1995)

10분가량의 모든 모둠 활동이 끝나면 각 모둠이 시를 낭송한다.

아래 표를 참고하면 이해가 쉬울 것이다.

1. 첫 번째 사람이 쓴 한 줄

2. 두 번째 사람이 윗줄을 읽고 이어서 쓴 한 줄

------------------ 접는 선 (두 번째 사람이 선을 따라 접는다.) ------------------

2. 두 번째 사람이 새롭게 쓴 한 줄

3. 세 번째 사람이 윗줄을 읽고 이어서 쓴 한 줄

------------------ 접는 선 (세 번째 사람이 선을 따라 접는다.) ------------------

3. 세 번째 사람이 새롭게 쓴 한 줄

1. 첫 번째 사람이 윗줄을 읽고 이어서 쓴 한 줄

참가자가 많아도 마지막 구절만 보여 준다면
제한 없이 많은 사람이 〈이어서 시 쓰기〉
놀이를 할 수 있다.

명상 산책

〈명상 산책〉에서 참가자는 아름다운 자연을 차분히 걷는다. 2~3명이 한 모둠이 되어 경이로운 자연과 교감하면서 천천히 말없이 걷는다. 이 과정에서 참가자는 자연과의 일체감을 체험하고 세상 모든 만물에 마음을 연다.

해지는 저녁 무렵, 남 캘리포니아의 고지대 숲에서 나와 열두 명의 아이들이 함께 신비로운 〈명상 산책〉을 경험하였다. 우리는 수풀이 우거진 숲길을 천천히 내려가고 있었다. 저 멀리 앞쪽으로 광대한 모하비 사막이 펼쳐져 있는 것이 보였다. 새와 곤충들의 울음소리만 들릴 뿐 주변의 정적이 마치 전기가 흐르는 것 같이 찌릿찌릿한 느낌이었다. 한 아이가 무언가 흥미로운 것이 눈에 띄었는지 손가락으로 가리키면서 친구의 어깨를 가볍게 두드렸다.

우리는 연한 잎사귀를 열심히 뜯어먹고 있는 암사슴 한 마리를 보았다. 10미터 정도 가까이 접근하자 암사슴은 우아하게 머리를 들고 우리를 조용히 쳐다보았다. 순수와 신뢰의 눈빛으로 사슴이 우리를 보았을 때 깊은 감명을 받았다. 점잖은 이 숲의 주인이 우리를 다른 세상의 생명체라 생각하지 않고, 오히려 친구로 받아들인다고 느껴졌다.

자연과 친밀한 관계를 맺고 공감하기

- 일몰/ 어디서나
- 3명 이상
- 10세 이상
- 없음

잠시 후엔 코요테 세 마리가 종종걸음으로 우리에게 다가오고 있었다. 코요테가 우리와 1미터 정도 가까이 다가와 멈춰 서서 강아지처럼 짖어댔다. 그리고 고개를 좌우로 갸우뚱하면서 말도 없는 이상한 침입자가 도대체 뭐냐는 듯이 쳐다보았다.

〈명상 산책〉을 하는 동안 동물들은 평화적이며 그들과 화목하고 싶은 우리 마음과 의도를 감지한다. 이 활동은 무언중에 생명 있는 삼라만상과의 유대감을 느끼고 일체감을 이룬다.

참가자는 낮에 하는 짧은 〈명상 산책〉이라도 신비롭고 사랑이 넘치는 자연 세계를 잠시나마 경험하게 될 것이다.

놀이방법: 〈명상 산책〉에 알맞은 모둠 인원은 두, 세 명이다.

참가자를 조용히 걷게 한다. 걷는 도중에 마음을 이끄는 것을 보면 크게 말하지 않고, 모둠 누군가의 어깨를 가볍게 두드리고, 사물을 가리키며 무언의 즐거움을 나눈다.

가볍게 걷기 좋은 아름다운 산책로나 탁 트인 장소를 선택한다. 여러 모둠과 같이 걷기 때문에 거리는 그리 중요하지 않다. 참가 모둠이 여럿이라면 시간과 장소를 정해 활동이 끝나면 그곳에 모인다.

모둠과 말없이 걸으며 자연물과 아름답고 친밀한 관계를 경험한다. 참가자가 침묵 속에서 나누는 비언어적 경험은 동료, 자연과 완전한 일체를 느낀다. 방금 발견한 꽃이나 새둥지 같은 신기한 자연물 주위에 모인 차분하고 사랑스러운 참가자의 모습을 지켜보는 것은 내게 무척 감격스러운 일이다.

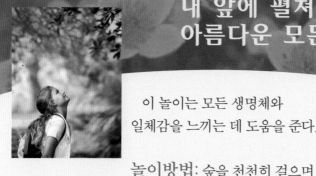

내 앞에 펼쳐진
아름다운 모든 것

아름답게 보이는 곳

- 낮과 밤/ 어디서나
- 1명 이상
- 14세 이상
- CD/MP3 음악과
  플레이어

이 놀이는 모든 생명체와
일체감을 느끼는 데 도움을 준다.

놀이방법: 숲을 천천히 걸으며
아래 시를 반복하여 암송한다. 구름과 풀, 나무와
언덕, 눈에 띄는 모든 자연물 등 아름다움을 즐긴다.
나바호 인디언의 '아름다움' 이라는 말은 '조화' 의 뜻이 있다. 다음 시에
서 '아름다움' 을 읽을 때 그 속의 '조화' 를 느껴보자.

내 앞에 펼쳐진 아름다운 것들과
걸어갈 수 있기를

내 뒤로 펼쳐진 아름다운 것들과
걸어갈 수 있기를

내 머리 위로 펼쳐진 아름다운 것들과
걸어갈 수 있기를

내 발밑에 펼쳐진 아름다운 것들과
걸어갈 수 있기를

나를 둘러싼 아름다운 모든 것들과
걸어갈 수 있기를

아름다운 산길을 헤매며
당당하게 나는 걸어가리.

- 나바호 인디언의 노래 -

모둠이 걷기 전에 노래를 듣고, 불러 본 후에 활동을 시작한다.

*A recording of the "With Beauty Before Me" song is available through 〈Sharing Nature
Online Resources (217쪽)

숲 설계도

　　만약 자기만의 숲을 만든다면 그 숲은 어떤 모습일까? 아이가 이 놀이를 함으로써 창의력을 발휘하여 아름답고 지속 가능한 자기만의 숲을 만들 수 있다.

　　먼저 아이에게 환상의 숲을 만들 수 있도록 사방 1킬로미터 정도의 땅을 가질 수 있다고 말한다. 그리고 "숲이 살려면 몇 년 동안 건강한 흙, 물, 햇빛, 나무, 곰팡이, 박테리아, 지표 식물과 동물 같은 필수적 요소들이 필요하다."라고 얘기한다.

상호의존, 지속가능성, 상상력

- 낮 / 어디서나
- 2명 이상
- 7세 이상
- 연필, 종이

　　숲의 지속가능성뿐 아니라 숲을 아름답게 만들도록 격려한다. 자기 숲에 아름다운 새, 오래된 나무, 숲을 사랑하는 사람들, 폭포, 영원한 무지개 등 원하는 것은 무엇이든 가질 수 있다고 얘기한다.

　　아이들은 필요한 것들의 목록을 만들고, 숲 그림을 그린 후에 모둠원과 생각을 나눈다. 〈숲의 설계도〉는 이 책에 있는 나무 관련 체험 놀이를 한 후에 이어서 하면 아주 좋다.

나에게 쓰는 편지

　　자연의 깊은 체험을 하고 서로 나누었던 감격스러운 순간을 잊지 않고 의미 있는 삶을 사는 것이 쉽지만은 않다. 이제 다시 바쁜 일상으로 돌아가면 지금까지의 자연체험을 금방 잊어버릴 수도 있다. 그러므로 자신에게 편지를 써 보자. 이 편지는 한 달 후에 당신에게 배달되어 당신 삶에 무엇이 가장 소중한지를 다시 일깨워줄 것이다.

　　편지 쓰기 활동은 두 가지 효과가 있다. 첫째, 며칠 동안 자연 활동에서 얻은 다양한 경험과 감동을 참가자 마음에 깊이 새기게 될 것이다. 둘째, 나중에 이 편지를 받으면 풍요로운 자연을 다시 만나고 싶은 기분을 강렬하게 느끼게 될 것이다.

　　자신에게 편지를 써서 봉투에 넣으며 지난 영감 어린 자연체험 활동을 마무리한다. 지금 나의 감정과 자연체험의 순간을 기억하고 싶은 것들을 편지에 적는다. 이 편지의 내용은 완전한 비밀이므로 안심하고, 한 달 안에 이 편지가 배달될 것이라고 말한다.

　　자연체험 여행에서 나와 아내가 함께 안내했던 한 여성의 글을 같이 나누어 보자.

음미하기

- 낮 / 어디서나
- 1명 이상
- 13세 이상
- 편지지, 연필
  편지 봉투

나에게:

　나는 열흘 동안 자연을 즐기고 체험하는 멋진 시간을 가졌어. 함께 온 사람들과 마음을 열고 다양한 놀이를 하면서 아주 친해졌지.

　가장 기억에 남는 체험은 폭포를 따라 오솔길을 산책하던 일이야. 우리는 충분히 거리를 두고 서로 멀리 떨어져 보이지 않게 각자 걷고 있었어. 그때, 나는 장엄한 계곡의 벽을 올려다보면서 신의 존재를 실감할 수 있었어. 유구한 시간의 흐름 속에 언제나 거기에 서 있었을 계곡 바위의 강인함과 위대함에서 뭔가 심오한 것을 느꼈고, 그것이 나를 폭포 속으로 유혹하는 것 같았어.

　나는 이 여행의 추억을 언제까지나 잊지 않을 거야. 일상생활 속에서도 마음의 안정을 찾기 위해 언제나 자연을 느끼고 자연에 대한 친근감을 기억하고 싶어.

마음을 다짐하며. 다이언

나의 편지

날짜:_____

영감을 나누는 스토리텔링

존 뮤어가 산에서 만났던 동물이나 나무, 폭풍우 이야기를 할 때 청중은 마치 자신이 그곳에 있는 것 같이 느꼈다. 한 청중은 "내 이마가 비바람을 느껴요!"라고 소리쳤다. 이미 언급했듯이 스토리텔링은 뇌의 경험을 나눈다.

실제로 청중은 이야기를 생생하게 실감한다. 자기 공명 영상을 통해 이야기하는 사람과 듣는 사람의 의식과 감정을 관장하는 전두엽의 대뇌 피질 활동이 일치함이 증명된다. 훌륭한 자연주의자 정신을 고양하는 이야기는 이야기하는 사람은 물론 청중에게도 정서적으로 유익하다.

여러 어려움을 직면하는 요즘 시대에 존경하고 본받고 싶은 인물을 소개하는 것은 중요하다.

"한 국가는 자국민이 존경하는 훌륭한 인물에 의해 알려진다."라고

자연 보호의 역사와 자연주의 이상 배우기, 자연 즐기기

- 낮 / 어디서나
- 2명 이상
- 4세 이상
- 의상 등의 소도구

현자는 말했다. 오늘날 젊은이는 스포츠, 음악 그리고 영화계의 유명 인사를 숭배하고 따른다. 하지만 우리가 발을 딛고 선 이 대지와 이곳에 사는 모든 생명체를 소중히 여겼던 사람들의 고귀한 삶을 공유하는 것은 참으로 중요하고 귀한 일이다. 이런 사실을 인식한다면 진실로 본받을 만한 영웅을 찾게 된다. 존 뮤어, 레이첼 카슨, 헨리 데이비드 소로 등 그들의 삶의 경험과 세계관을 되살려 우리 스스로는 감동하고 변화될 수 있다.

이야기의 소재는 우리에게 영감을 주고 새로운 방식의 존재와 삶을 개척한 인물을 골라야 한다. 그래야 진실하게 마음에서 우러나오는 열정

으로 이야기할 수 있다. 선정한 인물의 유명한 말을 인용하거나 자연체험 이야기, 여러 재미있고 흥미로운 이야기 등을 찾아 들려준다. 처음 이야기를 시작할 때는 흥미진진하고 의미심장한 이야기를 선정하는 것이 좋다. 그러면 청중이 열의를 갖고 적극적으로 귀 기울이게 된다.

특별한 효과를 위하여 선정한 인물이 실제로 이야기했거나 쓴 글을 잘 기억한다. 하지만 모든 줄거리를 외우려 한다면 부자연스러울 수 있으므로 한 장면, 한 장면에 집중하여 얘기하고 싶은 핵심을 기억하는 것이 좋다. 그러면 긴장감이 덜하여 이야기를 자연스럽고 재미있게 풀어갈 수 있다. 흥이 나서 이야기를 전달하면 효과가 가장 크다.

나바호 원주민은 아이에게 스토리텔링 훈련을 시킨다고 한다. 어린 아이가 버릇없는 행동을 하면 아이와 부딪치기보다 행실이 비슷한 또래 아이의 이야기를 들려준다. 본래 아이들은 이야기를 좋아하기 때문에 이야기에 집중해 귀 기울인다. 아이는 이야기를 통해 다른 아이의 행동을 경험하면서 책임이 따른다는 것을 알게 된다. 아이가 이야기를 들을 때 눈이 점점 커지고 걱정스러운 눈빛으로 금방이라도 "다시는 안 그럴게요."라는 말이 튀어나올 것 같은 모습을 상상한다.

오늘날의 이야기꾼도 나이를 불문하고 모든 사람에게 부드럽고 사랑이 넘치는 아름다운 메시지를 전달할 수 있다. 훌륭한 사람들의 이야기를 들려주는 것은 오늘날 세계가 원하는 높은 가치와 교감할 수 있는 가장 좋은 방법 가운데 하나이다.

조셉 코넬은 존 뮤어의 삶을 생생한 역사 프로그램으로 만들었다. 그의 책 [존 뮤어, 자연과 함께 한 나의 삶]은 좋은 이야기 자료가 될 수 있다.

이야기를 더 잘하기 위한 11가지 방법

1. 모자 같은 작은 소품을 사용한다. 소품은 청중을 다른 시간과 장소로 오가도록 도움을 준다.

2. 강렬한 시작과 마침을 구성해 익힌다. 그렇게 하면 자신감을 가지고 이야기를 시작하고, 힘 있게 마치는 데 도움을 준다.

3. 사람들은 자신이 받았던 감동만큼 구구절절한 이야기를 기억하지 않는다. 몇 줄의 이야기를 놓치는 것은 그리 중요하지 않다. 이야기하다가 문장을 잊어버려도 당황하지 말고 잠시 멈추어 청중의 눈을 보며 생각해본다. 긴장을 풀수록 잊어버린 말을 기억하기 쉬우므로 자연스럽게 이어 갈 수 있다.

4. 유머를 잃지 않는다. 유머를 섞어 이야기하면 청중도 긴장이 풀려 전달하려는 것을 자연스럽게 받아들인다. 재미있는 이야기를 한 후에 의미 있고 중요한 요점을 이야기하면 이해가 쉽다.

5. 말투나 리듬, 분위기에 변화를 준다. 이야기 속도에 변화를 주면 연기가 살아나는 것을 느낄 수 있다. 가끔은 청중이 휴식할 수 있도록 이야기 속도를 약간 늦추는 것도 좋다.

6. 배우는 자신의 연기 향상을 위해 '감정 떠올리기' 기술을 응용해 보면 좋다. 떠오르는 이야기에 적합한 감정을 끌어내기 위해 비슷한 감정을 개인적 경험에서 찾는 것이다.

7. 한 명 이상의 인물을 연기할 때에 각 인물의 목소리와 성격에 변화를 준다. 각 인물을 완벽하게 연출하면서 이야기하면 청중도 그 이야기를 믿게 될 것이다.

8. 입체적 느낌을 위해 손을 많이 사용한다. 허공에서 손으로 그림 그리는 것도 좋은 방법이다. 연기하려는 인물의 행동을 모방해 생동감 있게 전달하기 바란다. 몸짓할 때에 뒤에 있는 사람이 잘 보이도록 가능한 한 동작을 크게 하는 것이 좋다.

9. 어떤 부분을 강조하거나 긴장감을 조성하려면 잠시 말을 멈춘다. 자신을 차분하게 통제하여 말 한마디, 한마디에 적절한 표현을 찾아 다양한 문장을 구사한다.

10. 듣는 사람의 나이에 맞추어야 한다. 아이는 몸을 사용하는 시각적 표현에 반응하고, 어른은 언어로 표현되는 의미에 큰 관심을 나타낸다.

11. 연기하기보다 오히려 청중과 함께 감동해야 한다. 이야기하는 사람이 느끼는 기쁨을 듣는 사람도 공유하는 데 초점을 맞춘다.

하늘의 새

모든 생명과 하나가 됨을 축하하는
이 놀이는 자연 활동의 마무리로 적합하
다. 또한, 노래의 아름다운 가사와 멜로디에 우아한 율동을 함께 하며
몸, 마음과 정신을 하나로 묶는 간단한 활동이다.

나는 타이베이 시청에서 400명의 사람에게 〈하늘의 새〉을 지도하고
있었다. 태극권 율동에 맞춰 이 활동을 시작했는데 음악과 우아한 움직
임의 절묘한 모습에 나는 그만 압도당하고 말았다.

이 놀이는 대지에 대한 사랑을 일깨우고, 확장하여
우리 가까이 있는 자연을 돌보고 싶은 마음을 길러준다.
우리는 자연에 감사를 표현하고 응답을 기다린다.
새들이 근처 숲을 날며 생기 가득 찬 〈하늘의 새〉를
노래하는 우리에게 몇 차례 응답하였다.

> **자연에 대한 사랑을
> 표현하기**
>
> • 낮 / 어디서나
> • 1명 이상
> • 5세 이상
> • 악기, CD/MP3

다음은 노랫말과 율동이다.

하늘의 새는 내 형제
양팔을 좌우로 펼쳐 손바닥을 하늘로 향하게 하고,
하늘 위를 나는 새의 날개처럼 두 팔을 크게 펼친다.

온갖 꽃은 내 자매
두 팔을 가슴 쪽으로 모으고 손을 펴서 꽃이 활짝 핀 모양을 만든다.

나무는 내 친구
두 손을 마주 잡고 팔을 머리 위로 올린다.

이 세상 모든 생명
마주 잡은 두 손을 풀면서 왼쪽, 오른쪽 팔을 옆으로 천천히 내린다.

높은 산들
두 손으로 산 모양을 만든다.

흐르는 강들
두 팔로 물결치는 모양을 만든다.

나의 소중한 친구들이여
두 손을 가슴 위에 올려놓는다.

이 푸른 대지는 우리의 어머니이고
가슴 위에 있던 두 손을 다시 펼치며 하늘과 땅을 바라보게 한다.

저 하늘 너머에는 사랑의 정령이 숨어 있으니
고개를 들어 하늘 바라본다.

나는 여기 있는 모두와 삶을 나누고
오른손을 가슴 위에 올려놓는다.

모두에게 내 사랑을 주리

왼팔을 뻗어 하늘을 가리킨다.

모두에게 내 사랑을 주리

가슴에 올려놓았던 오른팔을 뻗어 하늘을 가리킨다.

 〈하늘의 새〉을 낭송할 때는 참가자가 깊은 감동을 불러일으키도록 아름다운 자연을 낄 수 있는 조용한 장소를 찾는다. 참가자가 동그랗게 둘러서거나 한 줄로 바깥쪽을 향해 서서 각자 보고 싶은 방향으로 앉는다. 안내인은 참가자 앞에 서서 시를 낭송하고 율동도 함께 한다. 한 구절씩 읽으며 의미를 되새기고 주변 환경으로 감정을 투영시킨다. 예를 들어 '나무는 내 친구'를 낭송하면서 당신과 나무의 친밀감을 느낀다.

참가자에게 사랑과 온정의 마음을 자연으로 보내는 데 집중하라고 말한다. 다른 사람도 초대하여 〈하늘의 새〉를 부르고 율동도 함께 나눈다.(www.sharingnature.org에서 〈하늘의 새〉를 시현하는 비디오를 볼 수 있고 Sharing Nature Audio Resources CD에서 들을 수 있다. (부록 220쪽에 악보 재중.)

Nature Worldwide Photographs, India **126** I Joyful Photography (Barbara Bingham) **127** I above: Joyful Photography (Barbara Bingham) I below: John Hendrickson Photography **128** I above: Sharing Nature Worldwide Photographs, Japan I below: Joyful Photography (Barbara Bingham) **129** I Sharing Nature Worldwide Photographs, Australia **132** I above: Ruby Stoppe I below: Sharing Nature Worldwide Photographs **133** I Joyful Photography (Barbara Bingham) **131** I John Hendricksonn Photography **140** I Sharing Nature Worldwide Photographs, Japan **141** I KentWilliamsPhotograhy.com **143** I Sharing Nature Worldwide Photographs, Korea **144** I Sharing Nature Worldwide Photographs, Korea **145** I Jenny Coxon Photography **146**I Joyful Photography (Barbara Bingham) **147** I U.S. National Park Service **148** I John Hendrickson Photography **149** I above: Sharing Nature Worldwide Photographs, Japan I below: Joyful Photography (Barbara Bingham) **150** I above: John Hendrickson Photography **151** I John Hendrickson Photography **152** I above: Chandi Holliman I below: John Hendrickson Photography **153** I KentWilliamsPhotography.com **154** I Jenny Coxon Photography **155** I John Hendrickson Photography **156** I Sharing Nature Worldwide Photographs, Japan **159** I Sharing Nature Worldwide Photographs **161** I Sharing Nature Worldwide Photographs I sloth drawing: Elizabeth Ann Kelley **162** I Sharing Nature Worldwide Photographs, Portugal **163** I Sharing Nature Worldwide Photographs, Portugal **164** I above: Sharing Nature Worldwide Photographs, Japan I below: PCD, HOng Kong, China **165** I Paul Spierings I.s.m. www.ziningroen.nl **166** I Sharing Nature Worldwide Photographs, Portugal **167** I Sharing Nature Worldwide Photographs, Taiwan **168** I above: John Hendrickson Photography I second: Sharing Nature Worldwide Photographs, Taiwan I third and fourth: Nanne Wienands, Germany **169** I above: Sharing Nature Worldwide Photographs, Japan I below: John Hendrickson Photography **170** I John Hendrickson Photography **171** I above: KentWilliamsPhotography.com I below: J. Donald Walters **172** I John Hendrickson Photography **174** I Joyful Photography (Barbara Bingham) **175** I Sharing Nature Worldwide, New Zealand **176** I above: Agnes Meijs, www.natuurlijkheden.nl I below: Nanne Wienands, Germany **177** I above: Nanne Wienands, Germany I below: Joyful Photography (Barbara Bingham) **178** I Jenny Coxon Photography **179** I Sharing Nature Worldwide Photographs, Australia **180** I John Hendrickson Photography **181** I Sharing Nature Worldwide Photographs, Taiwan **182** I above: Sharing Nature Worldwide Photographs, Portugal I below: Photographer Unknown **183** I Sharing Nature Worldwide Photographs, Taiwan **185** I J. Donald Walters **186** I J. Donald Walters **187** I above: Gert Olsson Photography/ inNature West **188** I above: John Hendrickson Photography I below: Sharing Nature Worldwide Photographs, Taiwan **190** I J. Donald Walters **191** I Joyful Photography (Barbara Bingham) **193** I above: Nanne Wienands, Germany I below: Joyful Photography (Barbara Bingham) **194** I Joyful Photography (Barbara Bingham) **195** I Joyful Photography (Barbara Bingham) **196** I Heart of Nature Photography (Robert Frutos) **197** I Joyful Photography (Barbara Bingham) **198** I Sharing Nature Worldwide Photographs, Taiwan **199** I Joyful Photography (Barbara Bingham) **200** I Jenny Coxon Photography **201** I bikeriderlondon / Shutterstock **202** I above: John Hendrickson Photography I below: Sharing Nature Worldwide Photographs, China **203** I above: Joyful Photography (Barbara Bingham) I below: Jenny Coxon Photography **204** I Tejindra Scott Tully **206** I Sharing Nature Worldwide Photographs **207** I above: John Hendrickson Photography I below: Sharing Nature Worldwide Photographs, Japan **208** I Sharing Nature Worldwide Photographs, Germany **209** I Joyful Photography (Barbara Bingham) **210** I above: Dr. Gertrude Hein, Germany I below: Joyful Photography (Barbara Bingham) **212** I Jenny Coxon Photography **216** I Sharing Nature Worldwide Photographs, Japan **221** I Elizabeth Ann Kelly **230** I Sharing Nature Worldwide Photographs, Japan **232** I Sharing Nature Worldwide Photographs, Taiwan **233** I Gert Ollson Photography / in Nature West

"사람들에게 기쁨,
평온의 선물과 일체감을 주라.
숲이나 해변으로 데려가 집중함으로
자연 세계의 경의와 환희를 체험하게 하라"

- 조셉 코넬

부록 「가」: 셰어링네이처 원어 보기

217

부모와 함께 하는 아이를 위한 놀이와 활동

코 만지기(72) • 나는 누구일까요(74) • 동물 흉내 내기(96) • 동물 이름 알아맞히기(104) • 동물 이름 알아맞히기 릴레이(100) • 소리 듣기(114) • 색깔 찾기(115) • 소리 지도(122) • 작은 세계 탐험(128) • 같은 것을 찾아라!(129) • 자연과의 인터뷰(145) • 카메라 게임(149) • 새 부르기(153) • 동물미스터리(155) • 내 나무예요!(162) • 하늘의 새(210)

자연역사와 과학 놀이와 활동

코 만지기(72) • 나는 누구일까요(74) • 내 나무예요!(162) • 올빼미와 까마귀(84) • 자연의 흐름(82) • 박쥐와 나방(86) • 천적과 먹이(88) • 생물 피라미(90) • 동물미스터리(155) • 동물 이름 알아맞히기 릴레이(100) • 해 질 녘 관찰(171) • 나무의 일 년(182) • 개 썰매(93)

실내와 비 오는 날 놀이와 활동

서로 친해지기(71) • 코 만지기(72) • 나는 누구일까요(74) • 나무 만들기(76) • 자연의 흐름(82) • 박쥐와 나방(86) • 천적과 먹이(88) • 생물 피라미(90) • 동물 흉내 내기(96) • 동물 이름 알아맞히기 릴레이(100) • 노아의 방주(102) • 동물이 되었어요! (126) • 동물미스터리(155) • 버티컬 포엠(169) • 나무의 일 년(182) • 특별한 순간들(193) • 이어서 시 쓰기(197) • 나에게 쓰는 편지(203) • 숲 설계도(202) • 영감을 나누는 스토리텔링(206) • 하늘의 새(210)

청소년과 성인을 위한 특별활동

개 썰매(93) • 왜 그러지… 왜 그럴까?(111) • 얼마나 가까이(118) • 나무의 일 년(182) • 자연 명상(194) • 이어서 시 쓰기(197) • 내 앞에 펼쳐진 아름다운 모든 것(201) • 나에게 쓰는 편지(203)

The Birds of The Air

words by Joseph Cornell, music by Michael Starner-Simpson

The birds of the air are my bro - thers, All flow-ers my sis-ters, the

trees are my friends. All liv-ing crea- tures, mountains and streams,

I take un - to my care. For this green earth is our mo - ther,

hid-den in the sky is the spi - rit a - bove.

I share one life wi - ith all who are here; to ev-ry-one I give my

love, to ev - ry - one I give my love.

- 01 -

1. 나는 지금은 빠르게 움직이지만, 어릴 적에는 그렇지 못합니다.
2. 나는 물 근처에서 먹이를 구하지만 늘 그렇지는 않습니다.
3. 나는 날아다니는 곤충을 잡아먹습니다.
4. 나는 힘차게 날 수 있습니다.
5. 나는 계절에 따라 몸의 색을 바꾸기도 합니다.
6. 나는 냉혈 동물로, 골격은 바깥쪽에 있습니다.
7. 나는 쥐보다 발이 2개 더 많고, 눈은 아주 큽니다.
8. 나는 날개가 넷이며, 헬리콥터처럼 날아다닙니다.

(답) **잠자리**

- 02 -

1. 내 친구들은 호수, 늪, 바닷가 등에 삽니다.
2. 나는 목이 길고 몸이 튼튼합니다. 암컷, 수컷 모두 같은 색입니다.
3. 내 먹이는 물고기와 새우, 게 종류입니다.
4. 나는 땅 위에서 집단으로 생활합니다.
5. 나는 목을 구부려 어깨 위에 얹고 날아다닙니다.
6. 나는 날개를 펼치면 1미터 가까이 되는 커다란 물새입니다.
7. 내 부리는 커다란 자루 같아서 물고기를 잡아 올리는데 편리합니다.
8. 나는 오직 수영해야만 물고기를 잡을 수 있습니다. 오염으로 숫자가 많이 줄어들었습니다.

(답) **펠리컨**

- 03 -

1. 나는 움직이면서 삼킬 수 있는 것이라면 무엇이든 먹습니다.

2. 나는 따뜻한 지역이 아니면 겨울에 겨울잠을 잡니다.
3. 나는 건조한 여름과 추운 겨울을 피하려고 습기 많은 곳에 삽니다.
4. 내 친구들은 거의 다 물속에서 알을 낳습니다.
5. 나는 키가 작고 뚱뚱해서 달리기 시합하면 절대 이기지
   못할 겁니다.
6. 내 친구들은 수영을 잘 합니다.
7. 나는 끈적끈적한 하얀 독을 품고 있습니다. 개와 같은 육식동물들
   이 나를 잡아먹으려다 독 때문에 몸이 마비되거나 죽는 일도
   있습니다.

(답) 두꺼비

- 04 -

1. 내 체온은 항상 사람보다 7도 정도 높습니다.
2. 발가락은 앞을 향하여 두 개, 뒤를 향하여 두 개가 있습니다.
3. 내가 날아가는 모습은 파도를 타는 모습과 비슷합니다.
4. 내 꼬리 깃털은 단단하고 뾰족해서 먹이를 잡을 때 버팀대
   역할을 합니다.
5. 내 먹이는 주로 나무속에 숨어 있는 벌레지만, 개미나 날벌레,
   도토리나 산딸기 같은 열매와 수액도 먹습니다.
6. 내 집은 내가 만든 나무 동굴입니다.
7. 내 부리는 나무를 조각하는 데 좋습니다. 긴 혀로는 나무에 사는
   곤충을 잡아먹습니다.

(답) 딱따구리

- 05 -

1. 나는 눈은 좋지 않지만, 소리와 냄새에는 민감합니다.
2. 내 꼬리는 15센티미터가 안됩니다.
3. 나는 숲이나 잡초 속에서 살고 있습니다.

4. 내 친구는 새끼나 어미 모두 나무 타기 선수로 나무 위에 올라가면 누구에게도 잡히지 않습니다.
5. 내 먹이는 작은 동물, 곤충, 고기, 풀, 나뭇잎, 사과, 산딸기, 호두 등입니다.
6. 추워지고 눈이 내리면 겨울에 대비해 구멍을 파고 들어갑니다.
7. 내 몸은 어두운색이며 몸무게는 200킬로그램을 넘기도 합니다.

(답) 곰

- 06 -

1. 나는 걸을 수 있기도 하고, 수영도 합니다.
2. 나는 눈은 좋지만, 냄새는 잘 못 맡습니다.
3. 나는 새끼를 보호하고 키웁니다.
4. 내 체온은 항상 일정합니다.
5. 우리 종족은 여러 환경에 적응을 잘한다.
6. 나는 주위의 환경을 변화시킵니다.
7. 나는 두 발로 서서 여러 가지 언어를 씁니다.

(답) 사람

- 07 -

1. 나는 주로 산과 들에 삽니다.
2. 나는 나무에 올라갈 수 있으며, 수영도 할 수 있습니다.
3. 나는 겨울잠을 잡니다.
4. 나는 매나 솔개의 먹이가 되기도 합니다
5. 내 동료 가운데는 독을 가지고 있는 친구들도 있습니다.
6. 나는 허물을 벗습니다.
7. 나는 눈꺼풀과 귓구멍, 그리고 다리가 없습니다.

(답) 뱀

- 08 -

1. 나는 발이 네게 있습니다.
2. 나는 주로 밤에 활동합니다.
3. 나는 입구가 여러 개 있는 미로로 집을 만듭니다.
4. 내 귀는 삼각형으로 크고, 입은 조금 길고 뾰족하게 생겼습니다.
5. 몸의 크기는 70센티미터 정도이고 길고 두툼한 꼬리를 가지고 있습니다.
6. 너구리나 오소리의 굴을 빼앗아 내 집으로 이용하기도 합니다
7. 내 몸 색깔은 밝은 주황색입니다.
8. 나는 개과에 속합니다. 우리나라에서는 멸종 상태에 있는 동물입니다.

(답) **여우**

- 09 -

1. 나는 물속에 살고 있습니다.
2. 나는 육식동물로서 곤충이나 작은 내 친구들을 잡아먹습니다.
3. 나는 물속에서 힘 있고 빠르게 수영을 할 수 있다.
4. 나는 차갑고 산소가 많은 물속에 삽니다.
5. 나는 봄에 작은 강에서 알을 낳습니다.
6. 내 몸은 산뜻하고 반짝거립니다.
7. 내 몸은 무지개처럼 빛납니다.

(답) **무지개송어**

- 10 -

1. 내 체온은 항상 일정합니다. 나는 털로 덮혀 있고 새끼는 모유로 키웁니다. 내 이빨을 보면 무엇을 먹고 사는지 알 수 있습니다.
2. 나는 위쪽 앞니가 없습니다. 그러나 위가 여러 개 있어 한 번 먹은 음식을 다시 되새김할 수 있습니다.

3. 수컷은 뿔이 있습니다.
4. 내 발자국은 이러한 모양입니다. (그래서 보여준다.)
5. 사람과 표범이 나의 적이지만, 표범은 내 새끼에게만 달려듭니다.
6. 새끼는 겨울털이 날 때까지는 얼룩무늬를 하고 있습니다.
7. 나는 몸이 대단히 크고 튼튼한 목을 가지고 있으며, 큰 뿔을 가지고
   있으므로 다른 동물들과 잘 구별됩니다.
8. 내 목소리는 날카롭고 높습니다. 만약 다른 수컷이 이 소리를
   듣고 달려오면 싸움이 납니다.

(답) 사슴

- 11 -

1. 나는 발이 네 개입니다.
2. 나는 매우 겁이 많은 겁쟁이입니다.
3. 나는 수영을 잘합니다.
4. 나는 바다에도 육지에서도 삽니다.
5. 내 친구 가운데는 한번 물었다면 잘 놓지 않는 친구도 있습니다.
6. 나는 뱀이나 악어와 같은 분류에 속합니다.
7. 나의 등에는 껍데기가 있습니다.

(답) 거북이

- 12 -

1. 나는 바다에 삽니다.
2. 나는 어패류를 좋아합니다.
3. 내 뒷 발은 커다란 물갈퀴 모양을 하고 있습니다.
4. 나는 털구멍에 한 개에 80개 정도의 털이 나는 모피를 입고 있어서
   바다의 추위로부터 몸을 보호할 수 있습니다.
5. 나는 물 위에서 식사합니다.
6. 내 앞발 겨드랑이는 피부가 늘어져 있어 그곳에 먹이를 숨길 수 있

습니다.
7. 나는 배 위에 놓은 조개를 돌로 깨서 먹을 수 있습니다.

(답)해달

- 13 -

1. 나는 발이 두 개입니다.
2. 나는 염분이 있는 호수에서 살고 있습니다.
3. 좋아하는 먹이는 수초와 조개류입니다.
4. 내 몸은 긴 다리와 긴 목을 가지고 있습니다.
5. 나는 진흙으로 집을 만듭니다.
6. 나는 공동보육으로 어린 새끼를 키우며, 어미는 새끼가 우는 소리를 듣고 자신의 새끼를 찾을 수 있습니다.
7. 내 몸은 어린 새끼일 때 쥐색입니다만 성장하면 분홍색이 됩니다.

(답) 플라밍고

- 14 -

1. 나는 나무의 열매, 나뭇잎, 곤충을 먹습니다.
2. 나는 털이 많고 긴 꼬리를 가지고 있습니다.
3. 나는 나무 타기 선수입니다.
4. 나는 나무에 구멍을 뚫고 집을 만듭니다.
5. 나는 집 지붕 밑에 집을 만들 때도 있습니다.
6. 나는 밤에 활동합니다.
7. 나는 하늘을 활공할 수 있습니다.

(답) 날다람쥐

- 15 -

1. 나는 눈이 잘 보이지 않습니다만 소리와 진동에는 매우 민감합니다.

2. 나는 어른 손바닥 크기의 몸집을 가지고 있습니다.
3. 나는 민감한 코와 수염으로 먹이를 찾습니다.
4. 나는 하루에 자신의 몸무게 정도의 먹이를 먹지 못하면 죽습니다.
5. 내가 좋아하는 먹이는 지렁이입니다.
6. 나는 커다란 부삽 비슷한 손을 가지고 있습니다.
7. 나는 땅속에 구멍을 파 그곳에서 삽니다.

(답) 두더지

Sharing Nature® WORLDWIDE

조셉 바라트 코넬의 자연인식 작업

조셉 코넬은 국제적인 저명 작가이자 자연 인식 프로그램으로 가장 널리 평가받는 셰어링네이처 월드와이드 Sharing Nature Worldwide의 설립자이다. 첫 번째 저서인 「아이들과 함께 나누는 자연체험 Sharing Nature with Children」은 전 세계적으로 자연 교육에 변혁의 불을 지폈으며 28개국 언어로 출판, 60만 권 이상 판매되었다. 또한, 조셉 코넬은 1만 회원과 3만5천 명의 자연 안내인을 배출한 일본 셰어링네이처 협회 명예 회장이기도 하다.

전 세계적으로 수많은 학부모, 교육자, 자연주의자, 청소년, 그리고 종교지도자들이 일련의 조셉 코넬의 셰어링네이처 시리즈를 교육 자료로 활용하였다. 조셉 코넬의 「자연의 소리 듣기 Listening to Nature」와 「나를 품은 하늘과 땅 The Sky and Earth touched me」 등 그의 저술은 자연과 깊은 관계를 맺으려는 많은 성인에게 큰 영감을 주고 있다.

미국의 어류 및 야생동물관리국은 1890년 이후의 아이와 가족을 자연과 친숙하도록 돕는 대표적인 15권의 책 가운데 조셉 코넬의「아이들과 함께하는 자연체험 Sharing Nature with Children」을 선정하였다. 미국 국립공원관리국은 그의 야외 활동 학습방법인 플로러닝 Flow Learning™을 마리아 몬테소리와 하워드 가드너, 쟌 두이, 장 피아제와 함께 5가지 권장 학습이론 중 하나로 꼽았다.

조셉 코넬은 자연 놀이책들과 활동으로 여러 나라에서 많은 상을 받았다. 유럽의 환경교육에 지대한 영향을 끼친 공로로 독일 손자 베르나도에 Sonza-Bernadotte 상을 받았고. 2011년에는 프랑스 Les Anges Gardiens de la Planete의 환경 운동에 헌신한 세계여론주도자 100인 중 한 사람으로 선정되었다.

따뜻하고 즐거운 열정이 넘치는 조셉 코넬은 주제의 핵심을 설득력 있고 분명하게 설명하므로 독자들은 실제 경험하는 것과 같은 창조적인 실습을 체험하게 된다.
조셉과 그의 부인, 아난디는 북 캘리포니아의 아난다 마을에서 책임자이자 주민으로 살고 있다.

조셉 코넬의 책과 활동에 관한 더 많은 정보는 www.jcornell.org에서 볼 수 있다.

셰어링네이처 웰니스 프로그램

존 뮤어는 말했다. "햇빛이 스며들 듯이 자연이 주는 평안함이 사람에게 자연스럽게 흘러든다." 위대한 치료자인 자연은 기쁨이 넘치는 평안과 생기의 선물을 받을 준비된 사람이라면 누구에게나 제공한다.

여러분은 셰어링네이처 힐링프로그램에서 마음을 가라앉히고, 모든 창조물에 가슴을 여는 자연훈련을 받게 될 것이다. 그리고 자연체험을 내면화하여 생명과 화평을 이루는 방법을 배우게 될 것이다.

재미있는 자연 인식 활동으로 즐겁고 긍정적이며 적극적인 삶의 태도로 타인, 자연과의 공동체 의식을 갖고 연대감을 누릴 것이다. 그리고 자비로운 자연이 우리에게 삶의 최고 우선 순위임을 일깨워 줄 것이다.

1979년 이래로 자연의 기쁨을 나누기

셰어링네이처는 아이와 성인에게 자연과 깊은 연대감을 느끼도록 노력하는 범세계적인 운동이다. 타인과 자연에 친근감을 느끼고 싶은 사람에게 교육 워크숍, 강연회, 온라인 자료, 온라인 회의와 서적 등을 제공하고 있다. 웰니스 프로그램은 비즈니스, 교육, 종교와 공공영역에서의 개인과 지도자를 위해 행복한 체험, 치유와 회복을 제공한다. 우리 프로그램의 운영지도자들은 자연과 인간을 사랑으로 멋지게 하나가 되도록 돕는 우수한 자연 안내인들이다.

여러분의 의견을 기다립니다. 전 세계에 제공하는 우리 프로그램에 관심 있는 분은 아래를 참조하세요.

세계와 더불어 나누는 셰어링네이처 / Sharing Nature Worldwide
14618 Tyler Foote Road Nevada City, CA 95959
info@sharingnature.com

셰어링네이처
SHARING NATURE

펴낸곳/ 셰어링네이처
펴낸이/ 장상욱
저자/ 조셉 바라트 코넬
옮김/ 장상욱, 장상원
교정/ 김혜경
디자인/ 박찬익
초판 1쇄 인쇄/ 2018년 10월 22일
초판 1쇄 발행/ 2018년 11월 5일
등록번호/ 제2016-000010호
주소/ 13838 경기도 과천시 별양로 85, 405-206
전화/ 02-502-7896, 010-5224-0035
www.sharingnature.kr
네이버 카페/ 셰어링네이처, FB/ 셰어링네이처
네이버 밴드/ 셰어링네이처 코리아

책값은 뒤표지에 있습니다.
ISBN 979-11-961025-1-7